Always Beta

持续进化

怎样成为有深度思维的年轻人

何加盐 著

SPM 南方出版传媒 广东人民出版社
·广州·

图书在版编目（CIP）数据

持续进化 / 何加盐著．—广州：广东人民出版社，
2020.9

ISBN 978-7-218-14372-9

Ⅰ.①持… Ⅱ.①何… Ⅲ.①成功心理－通俗读物
Ⅳ.① B848.4-49

中国版本图书馆 CIP 数据核字（2020）第 123985 号

CHIXU JINHUA

持续进化

何加盐 著

出 版 人：肖风华

责任编辑：刘　宇　马妮璐
责任技编：吴彦斌　周星奎
装帧设计：焱　玖

出版发行：广东人民出版社
地　　址：广州市海珠区新港西路 204 号 2 号楼（邮政编码：510300）
电　　话：（020）85716809（总编室）
传　　真：（020）85716872
网　　址：http://www.gdpph.com
印　　刷：天津丰富彩艺印刷有限公司
开　　本：880mm×1230mm　1/32
印　　张：9　字　数：150 千
版　　次：2020 年 9 月第 1 版
印　　次：2020 年 9 月第 1 次印刷
定　　价：45.00 元

如发现印装质量问题，影响阅读，请与出版社（020－85716849）联系调换。
售书热线：（020）85716826

PREFACE

每一个平凡人都可以变得不平凡

2300 年前，孟子借颜渊之口说：舜何人也？予何人也？有为者亦若是。

2200 年前，刘邦见到秦始皇出巡的排场，感叹道：嗟乎，大丈夫当如此也。

960 年前，苏轼就晁错之事发出议论：古之立大事者，不唯有超世之才，亦必有坚忍不拔之志。

这三句话，都对应同一个主题："牛人"能学吗？我们也能成为"牛人"吗？怎样才能成为"牛人"？

人类天生羡慕强者，希望变成强者，这是进化的规律，也是人与社会进步的动力之源。

我相信，没有人不希望自己变得更好。也许是能力更强，也许是地位更高，也许是更有钱，也许是更有名，也许是更受别人尊重，也许是更受他人喜欢……想要变得更厉害的领域不一定相同，但是每个人总有想变得更厉害的地方，这一点是肯定的。

问题就在于：要怎样才能变得更厉害呢？

我一贯相信，"牛人"不是天生，每一个平凡人都可以变得不平凡，关键就在于能不能持续进化。

因此，自从开始写作生涯以来，我把自己定位为一个"专门研究牛人的人"。我会去研究那些公认的"牛人"，分析他们的成长经历、性格特点、为人处世，等等，看看有没有值得普通人学习的地方。

研究得多了，我发现有些地方是普通人没法学的，例如马云的远见、王兴的思考、张一鸣的自制、雷军的勤奋、任正非的坚韧、马化腾的产品感觉、段永平的营销才能……普通人真的很难学会。

但也有很多是可以学的。例如，他们"因为相信，所以看见"的理念、"为了事业全身心投入"的态度、"面对挫折绝不退缩"的精神，等等，都是普通人可以而且应该学的。

本书是笔者多年来研究"牛人"的心得，共6大模块、27篇文章。这些文章大部分首发于"何加盐"公众号，其中不少是广受欢迎的"10万+"文章，对很多读者的认知和行为产生了重要的影响，甚至有些读者的人生轨迹因此而改变。

第一大模块共4篇文章，分析了人们在认知中可能存在的误区。如果能够认清这些误区，我们人生中大部分的错误也许都可以避免。

第二大模块共4篇文章，解读了社会和人生中的一些真相。很多东西其实仅仅隔着一层窗户纸，但是如果没有人告诉我们，可能我们一辈子都不会想明白。我们对世界的认识越透彻，人生的路就会越好走。

第三大模块共4篇文章，讲述了几个普通人的进化经历。他们都是生活中的平凡人，有的还经历过穷困的磨难，但最终他们都勇敢地扼住了命运的咽喉，不断地进化，成为平凡人中的不平凡者。他们的经历，也许会给你很大的触动或者启发。

第四大模块共5篇文章，介绍了影响人生进程的五大法则。"牛人"与普通人之所以不同，秘密可能就存在于这些法则之中。

第五大模块共5篇文章，讲解了怎样变厉害的一些方法。这些都是从"牛人"的经历中总结出来的，并经过笔者亲身实践证明有效的做法。一个好的方法，可能会让你的成功之路事半功倍。

第六大模块共 5 篇文章，提供了持续进化的进阶之路。人生的进化绝不是一劳永逸的，而是永不停歇的奋斗。我们需要不断从平凡变得不平凡，把今天最好的表现当成明天最低的标准，不断超越自己。这个过程可以用"数学公式"来推理，用于指导我们如何选择自己通往成功的道路。

每一个"牛人"都有自己的"顿悟"时刻。普通人若想成功，也需要自己的顿悟时刻，而顿悟需要契机。也许某一件事、某一篇文章、某一句话，突然就会让你意识到，原来世界是这样的、原来事情应该这样做、原来我可以过这样的人生……

这本书，可能就是你人生顿悟的一个契机。

现在，请开始专属于你的"顿悟之旅"吧。

CONTENTS

1 误区　你不成功，可能是掉进了这些陷阱里

2 真相　了解这些真相，你也可以收获别样人生

技巧 成功没有捷径，但生活处处有技巧

5

进阶 攀登生命高峰，要自立，更要借助外力

6

1 误区

你不成功，
可能是掉进了这些陷阱里

优秀如你，
不要被"冒牌者综合征"限制了发展

    有一位女孩清纯亮丽，是万千人心中的完美女神。她家境优渥，父母都是英国剑桥大学高材生，都从事律师职业，日进斗金。她本人聪明绝顶，功课全优，同时被牛津大学、剑桥大学、布朗大学等世界名校录取。

    她才华出众，擅长舞蹈，还擅长曲棍球、马术和潜水等多项运动。她演技爆棚，拍的电影风靡全球，斩获多座最佳女演员奖杯。面对英国王子的追求，她骄傲拒绝，并说："谁说要成为公主，就得嫁给王子？"

    但她超级自卑，每天生活在惶恐之中！这位女孩，就是饰演"哈利·波特"系列电影女主角赫敏·简·格兰杰的艾玛·沃特森（Emma Watson）。

尽管身为"女神"、学霸，拥有无数光环，在接受媒体采访时，艾玛却说："我努力取得的成绩并无法增强我的自信，相反令我倍感自己的无能。进步越大，这种自我怀疑就越强烈。这就像一个怪圈。我时常忧虑，生怕别人发现我其实是个'骗子'，我不配拥有眼前的一切。"

你可能会觉得难以理解，为什么一个如此优秀的人却如此自卑？这种心理现象，叫作"冒牌者综合征"。

冒牌者综合征，又叫冒牌者现象，英文名为 impostor syndrome 或 impostor phenomenon，是美国学者保琳·格兰丝和苏赞妮·伊米斯提出的一个概念。

冒牌者综合征其实是一种心理模式，在这种模式下，人们会怀疑他们所取得的成就，并常常害怕被人揭穿是"骗子"，哪怕外界已经有足够的证据证明他们的能力，他们还是觉得自己配不上所取得的成就。患有"冒牌者综合征"的人，总是错误地把他们的成功归因于运气，并认为别人高估了自己的才智。

1978 年，保琳·格兰丝和苏赞妮·伊米斯调研了 150 位精英女性，发现了这一现象。这些女性都是大家公认在事业上已经取得辉煌成就的人，她们在各种考试中得到高分，在标准测验中也名列前茅。

尽管有如此强烈的外部证据证明她们的能力，她们依旧对自己表示怀疑，倍感压力。后来，研究拓展到所有人群中，调查发现，"冒牌者综合征"广泛存在于人群中，大约有70%的受调查者在过去一年中曾有过类似的状况。

在生活中，我们常常会出现这样的错觉："他们都好厉害，我应该是团队里最差的吧？""那个工作那么难，别人是怎么做到的？让我去做，我可能都不知道怎么下手。""我能考到这个学校（分数），主要是靠运气，我千万不能让同学们知道。""我坐上这个职位，拿到这个工资，老板可能高估了我的能力，我好害怕被老板发现真相。""爸妈（男朋友、女朋友、爱人）肯定特别期望我更关心他们，可是我做得其实很不够，我好愧疚，但是千万不能让他们知道这一点。"

如果你曾经有以上想法，你可能患上了"冒牌者综合征"。

"冒牌者综合征"出现的主要原因是缺乏"成就的内部归因能力"。也就是说，冒牌者综合征患者会低估个人能力与所取得成就之间的关系。

而且，这些人又往往会有超强的"过错的内部归因能力"，只要事情出现一点点不顺利，他们就会认为是自己的原因，并且陷入自责、羞愧之中。

* * *

"冒牌者综合征"广泛出现在职场上、学校里、家庭中。

在职场上，冒牌者综合征患者总觉得别人做的事情难度高，换成自己肯定做不了。如有些人会认为："那些做金融的、会计的、咨询的、人力资源管理的、销售的、编程的人好厉害，我就只适合做现在这种熟悉的工作。要我跨行业换一个工作，或者当一个领导，我心里会非常没底，甚至无比恐惧。"

在学校，冒牌者综合征患者觉得周边很多同学都很厉害，自己比他们差远了，只是因为运气好，才勉强能和他们在一起。冒牌者综合征患者对自己及他人知识掌握的认知往往如下(图1.1)。

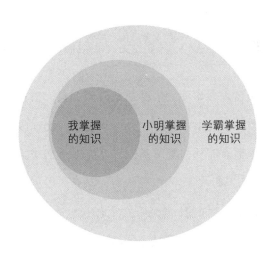

图 1.1　冒牌者综合征患者对自己及他人知识掌握的认知

而实际的情况则往往如下（图1.2）。

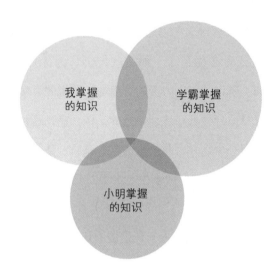

图 1.2　冒牌者综合征患者及他人知识掌握的真实情况

越是在名牌大学中，这种现象就越明显。清华大学（简称清华）和北京大学（简称北大）的学生，就常常觉得自己在真正的学霸面前什么都不是，自己能考上清华或北大，一定是被"锦鲤"附身了。

我在浙江大学（简称浙大）的时候，也觉得同学们都很厉害，我之所以能进来，可能是因为考研的时候评分老师评分时"手抖了"。

我进入浙江大学最好的社团之一——未来企业家俱乐部，也总觉得是因为面试的时候考官看走眼了，其他社员一个个都比我优秀着呢。而事实上，很多人都和我说过，他们很佩服我，觉得我很厉害。

　　在家庭或人际交往中，冒牌者综合征患者的主要表现是，常常害怕自己的表现达不到家人或朋友的期望。尽管他们已经为家人和朋友做了很多，也得到了相应的爱和感谢。但他们内心还是时不时会有一种愧疚感，觉得自己其实还有很多不足，很多事情可以做到但没有做到，亏欠了家人和朋友。这在爱情中表现得尤其明显。

　　在爱情中，女孩总是会付出很多，然后很关心对方对此的感知和反应。她们担忧的不是"他爱不爱我"，而是"他会不会觉得我不够爱他"。所以，虽然对方不关心她会让她很生气，但更让她生气的是，对方没有认识到她有多么关心对方。她会觉得，"我为你付出那么多，你却根本都没有意识到，难道在你眼里，我就那么毫无价值吗？"

　　如果你是冒牌者综合征患者，就要小心了，千万别让它限制了你的发展。

　　很多时候，好的机会摆在你面前，但是你没有珍惜。比如，本来的你，考研可以报更好的学校，谈恋爱可以选更好的对象，找工作可以去更好的公司，换专业可以挑更好的学科，在公司可以拿更高的薪水……你的能力和表现都是匹配的，可就是由于你认识不到这一点，导致你不敢去争取，白白浪费了好机会。除了让你错失本该属于你的机会之外，"冒牌者综合征"还有很多负面影响。

它会让你每天很焦虑、惶恐，生活在种种的心理压力之下。你总是害怕达不到别人的期望，而自己承受过多。

它总是使你做过多的准备。由于认知中的能力与实际的能力发生偏差，冒牌者综合征患者倾向于为一件事情付出过多的努力。因为，每一丁点的失误，都会让他们担心别人"看穿"自己。

为了一次考试、一次面试、一次演讲、一份要提交的PPT，他们会反复琢磨，反复练习，反复检查。往往60分就可以达标的事情，他们非要做到80分，甚至100分不可。

它还会导致你做事拖延。由于对自己要求过高，你总是希望想到完美方案后再动手。同时，你内心恐惧，害怕做不好别人笑话你，所以总是迟疑着不敢下手，结果把任务的完成时间一直拖到截止日期的最后一刻。如果成功了，过度准备的你会把原因归结为自己的努力；有拖延症的你则会把原因归结于运气，而从来没想过，成功主要是因为你有这个能力！

＊＊＊

"冒牌者综合征"有这么多害处，我们应该怎样应对呢？

首先，我们需要认识到"冒牌者综合征"的存在。当你开始怀疑自己的能力和成绩时，当你觉得自己取得今天的一切成就全都是因为运气时，当你觉得学习、生活、工作中遇到的不顺都是自己的过错时，你可能就要警醒一下：我是不是得了"冒牌者综合征"？

如果是的话，你就需要做一些自我心理建设了。你需要告诉自己，你的能力其实很强，过往的成绩和你的外在表现，都是由你的能力作为支撑的。

同时，你还要对别人多一些信任，知道别人夸奖你，确实是出于真心，不是为了奉承你。对于你表现出来的那些过错，请放心，没有人会在意的。

请注意，这里的心理建设方法适用的是冒牌者综合征患者。有些朋友本来就觉得自己能力超强，一切成绩与运气无关，一切过错与自己无关，那就不需要做这些了。这些朋友可能需要一些相反的心理建设——这是另一个话题了。

其次，我们要防止"冒牌者综合征"在我们做决策时"拖后腿"。当你看到一个新的行业机会，或者想开始一段新的生活时，你应该根据自己过往的成绩和表现，来判断自己的能力，而不是假想自己这也不行那也不行。

例如，你曾经从零开始学习一样东西，现在很熟练了，那你应该相信如果你从零开始学编程、咨询、金融等，也一样能够学会。

当一个升职或加薪的机会出现，或者一个你喜欢的优秀异性（假设你单身，而且想谈恋爱）来到你面前时，你一定要努力争取，千万不要觉得自己好像不够格。

请记住，你不敢争取，别人会真的认为你不够格。主动争取，本身就是够格的一项内在要求。

最后，请各位家人、老师、老板，善待冒牌者综合征患者。如果你发现一个人，表现特别好，但是不够自信，他／她可能就有"冒牌者综合征"。他／她需要你多用一些实际的行动去鼓励他／她。

作为家人，请对冒牌者综合征患者多一点肯定和赞扬，让他／她知道，你感受到了他／她对你的关怀，请记住并指出他／她为家庭做出的贡献，告诉他／她，你对此是多么感激。

作为老师，请帮助冒牌者综合征患者建立自信，让他／她知道，取得好成绩，考上好学校，其实是他／她能力的体现，而不是靠运气。

作为老板，如果你的公司有一个冒牌者综合征患者，这是你的福气。因为他/她对自己要求特别高，而对待遇的要求特别少。

有些格局小的老板会觉得，既然你不要求升职加薪，那我就给你低职位、低工资，反正你也会照样努力干活。久而久之，这个人一定会走掉。因为他/她在你这看不到能力的提高，而市场一定会发现这种努力工作、业绩好又谦虚的员工，别的公司会用翻倍甚至几倍的工资把他/她挖走。到那时，你就得不偿失了。

所以，对待冒牌者综合征患者，比较好的策略是根据他们的真实能力和绩效，主动给予超越他们期望的工资。而不是老去琢磨他们会要多少钱，导致给他们的钱虽然符合他们的预期，但是低于他们的真实能力。

改变认知，重塑思维，
人生将有大不同

认知和决策是每个人日常生活和工作中必不可少的。认知和决策能力的高低，决定了我们生活和工作质量的高低。

有一些思维误区会对我们形成误导，降低我们的认知和决策能力，甚至导致我们"掉进坑里"而不自知。如果能够避免这些误区，我们的生活和工作会少很多陷阱。

下面就来谈一谈我们常常会遇到的两个思维误区，一是把相关性当因果性，二是幸存者偏差。

在开始前，我先来问几个问题：第一，经统计发现，在美国白人、黑人、犹太人、亚洲人中，黑人的平均收入最低，这是否说明黑人赚钱能力更差？第二，孩子感冒了，上次吃了某种药好了，这次是否还要给他吃这种药？第三，"二战"时，经专家检查，发现经历过空战的战斗机大多数是机翼中弹，尾部中弹的非常少，现在要改进机型，请问，是应该加强机翼的防护还是加强尾部的防护？

先不要着急回答这些问题，等看完全文，你自然会有答案。

在很多社会学和经济学统计中，人们发现，在美国各族裔中，黑人的人均收入比较低。因此，有很多人据此判断，黑人赚钱能力不行，甚至进一步归结出黑人懒、智商低等。但事实真的如此吗？

进一步分析发现，在统计时，美国其他族裔人的平均年龄大多是30岁或40岁，而黑人平均年龄是20岁。也就是说，当绝大多数美国其他族裔的人处于最能赚钱的年纪的时候，绝大多数黑人仍处于靠别人养着或是刚开始赚钱的阶段。如果统计相同年龄段黑人与美国其他族裔的收入，其差异急剧缩小。

也就是说，就黑人的平均收入低而言，原因可能不是他们懒和智商低，而是他们长期处于社会中的劣势地位，再加上见识和经济的原因，他们生孩子早而多，因此陷入恶性循环。

以犹太人和黑人的对比为例：典型的犹太人家庭为双职工父母和一个孩子的三口之家；而典型的黑人家庭为一个失业的年轻单亲妈妈带着一堆孩子。两者收入如何能相比呢？

再进一步分析还能发现，黑人中，也分为美国本土原生黑人族裔（大多是原来黑人奴隶的后代）和加勒比地区移民黑人族裔。前者属于低收入群体，而后者属于高收入群体。加勒比地区移民黑人考上常春藤大学、参与知识型工作（教学、科研、咨询、金融、法律、牙医等）的比例和收入水平，并不逊色于其他群体。

这个分析可能会颠覆我们的认知，却有一定的统计数据支持。感兴趣的朋友可以参阅托马斯·索威尔的《美国种族简史》。

* * *

在日常的观察中，我们常常会犯的一个错误，就是把相关性当成因果性。就拿"族裔是黑人"和"平均收入较低"两者来说，我们常常误认为前者是后者的原因，实际上二者只是相关关系。

我们常看到媒体报道，某人长期不吃早饭，结果得了胃癌；经常喝红酒的人，比较长寿；练钢琴、小提琴等乐器的小孩，长大后更容易成功……这些都犯了把相关性当因果性的错误。

还有一个比较常见的把相关性当因果性的例子是给小孩治病。老一辈的人总是觉得自己经验丰富，说："你小时候感冒就是喝这种姜糖水好的。""上次孩子感冒就是吃这种药好的。""你们小时候一生病就打针，然后就好了，现在你们都不让孩子打针，有你们这样当爹妈的吗？"更甚者，上一次孩子感冒到了第6天，老人给孩子喝了某种药，第7天感冒好了，老人就以为是那种药治好的，于是，每次孩子一感冒就给吃那种药。

我们要知道，事件甲发生之后，事件乙发生了，并不代表是事件甲导致事件乙的发生。确定因果关系，我们至少要首先排除两条：一是没有其他事情导致事件乙发生；二是没有一个共同的原因导致事件甲和事件乙都发生。很多时候事件乙的发生是另有原因的，跟事件甲毫无关系。也有很多时候事件乙是多因一果，事件甲只起了一小部分作用。

例如：胃癌和不吃早饭没有关系，或者说，这种关系并没有在科学上得到证明；常喝红酒与长寿也并不直接相关，长寿的原因可能是因为这家人比较有钱，而有钱人的平均寿命比穷人更长；练钢琴或小提琴的孩子长大后收入更高，原因是家里比较富足，能给孩子提供好的学习资源和学习平台。

治疗感冒也是如此。普通感冒，一般7～10天就会自愈。所有的感冒药都不能治愈感冒，最多只能缓解一下症状。比如，发烧了，可以把温度稍微降低一点；头痛了，可以让头不那么痛；咳嗽了，可以让你咳得不那么厉害。但这并不等于治愈，你无论吃什么药，都要经过一个星期才能好。

这里说的是普通感冒，不是流行性感冒——流行性感冒其实不是感冒，而是由流感病毒感染所致。所以，如果小孩能吃能睡，精神很好，发烧但温度不高，就没必要强行灌药。当然，如果精神萎靡、哭闹不止，或者高烧不退，那还是要尽快就医的。

了解了这个原理，我们就能识破很多骗局，减少很多误解。

某主管采购的高管说，他今年为公司省了1000万元的采购费，要求重奖。你一琢磨，原来是铁矿石降价了，采购费的节省跟高管的行为一点关系都没有。某保健品公司说它的

"神药"治好了小姑娘的病，你一看诊疗记录，症状缓解是因为小姑娘在大医院接受了正规的治疗。老师向你告状，说你女儿偷偷看言情小说，受了不良影响，居然早恋了，你了解后发现，早恋在前，看言情小说在后，二者有一个共同引发原因——女儿的青春期到了，她早恋和看言情小说一点关系都没有……

* * *

统计学上有一个非常经典的案例："二战"时，英国军方检查战场上归来的战斗机，发现机翼部位中弹非常多，机尾部位中弹很少，于是就建议战斗机厂家加固机翼部位。

但是一个叫沃德的统计学教授发现不对劲。他翻阅资料，发现所有被检查的飞机都是从战场上幸存下来的，而更多坠毁在战场的飞机并没有被统计进来。

进一步调查发现，那些坠毁的飞机，大多毁于尾部中弹，而机翼中弹的飞机反而受损较小，所以飞行员还能把飞机开回来。因此，沃德教授提出，需要加固的是机尾，而不是机翼。

因为幸存的飞机机翼部位中弹最多，就认为机翼部分最容易受到攻击，这种思维误区被称为"幸存者偏差"。

我还听过一个例子：傅以渐、王式丹、毕沅、林召堂这些都是清朝的科举状元，默默无闻；曹雪芹、胡雪岩、蒲松龄、袁世凯这些落榜生，却天下闻名。可见状元没什么用。

这也是典型的幸存者偏差的说法。假设1000万个考生里面，才出来4名状元，其他除了榜眼、探花、进士等，还有999.9万是落榜生，然后落榜生里面出来4个"牛人"，我们能说状元没用，落榜生更厉害吗？显然不能。

幸存者偏差出现的一个主要原因，是因为我们只会注意那些"幸存者"，而忽略了更大基数的"阵亡者"。例如，我们只看到快手、抖音上那些超级网红赚了很多钱，其实，99%的人都只是自娱自乐，基本赚不到什么钱。

持"读书无用论"的人也陷入了幸存者偏差这一误区。他们往往用一两个特殊的案例，来证明不读书的人比读书的人更成功，而忽略了不读书的人，只有少数几个能成功，大多数反而过得更差的事实。

家长常常说的"你看看别人家的孩子"，老婆常说的"你看看别人家的老公"，也是幸存者偏差的例子。

要避免掉入"幸存者偏差"的陷阱，我们就要经常想一想，除了这个"幸存者"以外，其他的人都怎么样了？能想通这个道理，我们就不会去相信传销者说的话了。因为搞传销的只有"金字塔尖"的几个人在赚钱，其他人全都在赔钱。

人生之事没有必然，绝大多数都是一种概率之下的选择。特例不能作为决策依据，高手都是看期望收益。

只有一种情况下我们才应该选择概率更低的事情，即如果一件事情失败带来的损失很低，而一旦成功，带来的收益非常可观，我们才应该选择概率较小的事件去博一把。

例如，蔡崇信追随马云，失败了，他损失的不过就是一两年的薪水而已，他随时可以找到其他高薪的工作；而一旦成功，他就能创造商业史上伟大的奇迹，并实现财务自由。

混淆因果性与相关性，以及陷入幸存者偏差这一误区，是我们最常犯的两个认知与决策错误，若能避免这两个错误，我们对世界的认识以及对事情的处理，就会完全不同。

因此，遇到两件相关的事情，请多想一想还有没有其他原因，以及有没有共同的原因；遇到一些成功的特例，请多想一想同样的情况下，是不是失败的案例更多；在做决策时，请不要只盯着可能的收益，还要关注概率。

这样，我们做出的人生重大决策和日常决策的质量，会提高很多。相应地，我们的好运气会越来越多，坏运气会越来越少。

做对未来高度敏感的人，
不被当下的安逸宠坏

　　"我们要工作，孩子要上学，为何如此下狠手！"有人在街上拉横幅示威。这些人不是国企下岗职员，也不是讨薪农民工，而是一群毕业于世界名校，在全球顶级外企工作，拿着几十万元、上百万元年薪的互联网工程师。在他们身后，"Oracle"的红色牌子，鲜红得耀眼。

　　Oracle，中文名为甲骨文，是仅次于微软的世界第二大软件公司，全球最大的企业级软件公司，有着无比辉煌的历史。它曾是最受应聘者欢迎的企业之一，福利待遇非常好，进入甲骨文公司的人，都是各学校的精英，成为甲骨文公司的一员，曾是无数大学生的梦想。这个梦想，现在被无情击碎。

2019年5月7日，甲骨文公司突然宣布，中国区研发中心裁员900人，这批裁员人数占中国区研发中心全部人数的56%。

甲骨文公司中国技术团队主要成员毕涛，在"脉脉"上记录了事情发生的过程：2019年5月6日晚上，他们忽然收到一个很不寻常的全员会议通知。在第二天一早的云视频会议上，公司宣布"做了一个非常艰难的决定"。随后，毕涛被安排与公司HR（人力资源）一对一谈话。公司要求他5月底离职，30日是最后期限，离职越晚，赔偿金就越少。

曾经的甲骨文公司员工、现在的微博著名博主北京大土豆评价说："外企的时代已离我们远去。眼看他起高楼，眼看他宴宾客，眼看他楼塌了。"

公众号"子弹财经"作者克雳伯，也借用一位程序员之口比喻甲骨文公司为"北京最大的一个养老院"。

讽刺的是，Oracle直译为"先知"，中文名所用的"甲骨文"，在中国古代被用于占卜，预测未来。这家以"先知"为名的公司，恐怕没能够预先知道自己的这一命运吧。

但也有很多人，早早就跳出了甲骨文公司，并且获得了极大的成功。对未来的感知力，让他们拥有了和这些打横幅的人截然不同的命运。

我的朋友 A，早先进入甲骨文公司工作，但是很快，他就发现去错了地方。不是说甲骨文公司福利不好，相反，这家来自硅谷的美国公司，非常人性化。

根据网友 Jaskey Lam 在知乎问题"在甲骨文公司（Oracle）工作是怎样一番体验？"下的回答，甲骨文公司的部分福利包括：

1. 每年最少 16 天带薪年假，工作越久，假期越长。

2. 每月可以请两天带薪病假。

3. 看病全额报销，子女报销一半。

4. 上下班不打卡，工作时间自由分配。

5. 可以申请在家办公。

……

朋友 A 在加入甲骨文公司之后不久就离开了。后来，他加入了一家初创公司，工资降低了很多，每天忙得要"死"。后来，公司发展起来，他也跟着公司成长，随着公司上市，实现了财务自由。

他告诉我，有很多人都在甲骨文公司极度辉煌的时候主动离开，后来创造了自己事业的辉煌。

比如，梁建章，曾任甲骨文公司中国咨询总监，后来离开，创立了携程旅行网，现在公司市值超过 1500 亿元。喻思成，曾任甲骨文公司大中华区技术总经理，后来成为阿里巴巴副总裁、阿里云技术业务总经理。刘伟光，曾在甲骨文公司工作多年，后加入阿里巴巴，现为蚂蚁金服副总裁。张韶峰，曾为甲骨文数据挖掘和机器学习工程师，不久离职创业，现在他创立的百融金服已经完成 10 亿元 C 轮融资，成为风头正劲的"独角兽"，正计划赴美上市。崔晓波，曾为甲骨文公司大中华区 A&C 技术总监，后离职创立腾云天下（TalkingData），是另一头高估值的"独角兽"……

这个名单还有很长。可以说，和谷歌一样，甲骨文也成了中国互联网界的一所"黄埔军校"。

与留在"学校"的同学相比，这些离校闯荡的人，在"战场"上摸爬滚打，创造了属于自己的别样人生。他们中很多人早已是亿万富翁。

对此，朋友 A 感慨道："一定要做一个对未来高度敏感的人，不要被当下的稳定和舒适所迷惑。否则，终有一日，你会失去未来，悔之莫及。"

* * *

在我毕业找工作的时候，外企是最热门的选择。我仍记得 2007 年秋招，浙大学子对阿里巴巴不屑一顾，没有几个愿意去。而宝洁公司却在校园掀起了招聘狂潮，几乎每个临近毕业的学生都会去试一试。而我止步于终面，我的好朋友被录取了。

好朋友是浙大最好的社团的主席，能力很强。几年以后，他离开了宝洁公司，自己创业。那时，阿里巴巴已经成为招聘市场上炙手可热的公司。现在，还是会有师弟师妹进入宝洁公司，但它已经远远不是我们心中的最优选择了。宝洁公司的人员流失率也变得非常高。

我曾经去一家新科技公司做调研，该公司在大数据营销方面非常厉害。公司里的人，大半都是从宝洁公司跳槽出来的。公司创始人 L 和我讲，宝洁公司是一家很好的公司，但是在时代的冲击下，它没落了。宝洁公司培养了中国无数的营销精英，但是自己的营销却不再有效。宝洁公司的业绩已经连续多年下滑。

诺基亚被卖给微软时，它的 CEO 史蒂芬·埃洛普曾经说过一句耐人寻味的话："We did nothing wrong, but somehow, we lost."（我们什么都没做错，但不知为何，我们输了。）

世界变化太快，没有什么职业是稳定的，也没有什么工作是长久舒服的。我们曾以为国企的工作是"铁饭碗"，可20世纪90年代末期，一夜之间，千万国企工人下岗。我们曾经为中国移动的高福利而眼红不已，转眼间，微信的降维打击让中国移动的营收大幅下滑。

仅仅10年前，诺基亚还风光无限，智能手机的狂潮一来，诺基亚手机一落千丈，只能被微软收购。类似的还有王安电脑、柯达胶卷、天涯社区、新浪博客、人人网……

不要以为现在的阿里巴巴、腾讯、华为发展得挺好，实际上，马云、马化腾、任正非都战战兢兢，如履薄冰。随着移动互联网、人工智能技术的快速发展，还会有无数的职位失去价值，无数的公司被迫倒闭，无数的人找不到合适工作。

就如张泉灵所言："时代抛弃你时，连一声再见都不会说。"

现代社会，没有什么事情是稳定的，每个人都是不断在路上奔波，永不停歇，直到再也干不动的那一天。对未来的敏感性，可能将成为我们这一代及我们的子孙后辈，决定命运最重要的一个特质。

＊＊＊

努力很重要，但选择比努力更重要。

2019 年上半年，网上关于"996"工作的讨论非常多，大家都在声讨"996"公司的不人性。而甲骨文公司可谓"996"的绝对反面。可惜，这么好的公司，在中国却开不下去了。

作为一种社会现象，我们可以声讨"996"。但是作为个人选择，我劝你远离那些"955"的安逸单位——因为不知道什么时候，你就要去街上"拉横幅"。

如果是养老，选择安逸没有问题，但年轻时就选择安逸，一个人就废了。更重要的是，不管你现在是被迫"996"，还是安逸"955"，永远不要忘了两件事。

第一件事，抬头看路。抬头看路，就是要看时代发展的潮流。厉害的人可以看到行业发展的趋势，早做准备。我的朋友 A 和新科技公司的创始人 L 就是这样，看到"风"要来，就赶紧去离风口最近的地方，这是跑得最快的办法。

次之的人，就算看不到"风"从何处来，但他会跟着"牛人"跑。做不了"风口"上的"猪"，还能做一个骑在"猪"背上的勇士。

如我做咨询的一家公司，虽然做不了智能手机，但他们做了智能手机的屏幕；另一家公司，虽然做不了新能源汽车，但他们做了新能源汽车的蓄电池。这个链条还可以往下延伸，例如，有一家公司在做新能源蓄电池的外壳；还有一家公司在做蓄电池外壳专用胶；一个写公众号文章的朋友"小特叔叔"，专门写关于新能源汽车特斯拉的文章，一年也能赚上百万元。

再次之，就算我们分辨不出趋势，也看不到或跟不上"牛人"，起码我们要知道，哪里是要绝对避免进去的"死地"。比如，你现在去应聘高速公路收费员，那不就是拿自己的前程当儿戏吗？以后都是ETC（电子不停车收费系统）或无感收费，哪里还需要收费员。如果你还从事这样的岗位，你的未来会非常危险。

类似的行业和单位还包括：没有任何技术优势，连机器都能代替你干活的行业；完全凭借行政垄断或特殊政策而存在的行业；靠卖资源，尤其是政府给予特卖权的资源的企业；非关键位置的体制内部门和岗位；能迅速被可见的新技术完全替代或淘汰的行业……如果你还在这些行业或单位，一定要尽早谋划其他的出路。

第二件事，持续学习。我们现在所掌握的知识和技能，明天很可能就没有了价值；我们现在所在的公司，明天很可能就不复存在。我们唯一能做的，就是不断学习，掌握更多的知识和技能。

有一些知识和技能，是在可见的未来一定能用得上的，如编程、深度学习、智能制造、新能源、社交电商、移动互联网内容创作等。如果想赶上奔往未来的列车，可以多花点工夫在这上面。还有一些知识和技能，是任何时代都用得上的，如演讲、写作、心理学、财务、企业管理等。如果你暂时不知道学什么，可以先把这些学好。

如果你身处"996"公司，不管多忙多苦多累，一定要抽出时间学习，确保你在职场上始终有竞争力。不然，你天天"996"，最后不光累垮了身体，一朝市场生变，你还将被无情淘汰。

如果你现在工作比较轻松，更要抽出时间学习，千万不要安逸度日。在这个时代，安逸一定是暂时的，奋斗才是永远的。如果你习惯了安逸，一旦形势发生变化，你可能连谋生的手段都没有。

所以，我们要始终对未来保持敏感，把人生的选择权牢牢抓在自己的手上。否则，下一个哀叹"我们要工作，孩子要上学，为何如此下狠手！"的人，可能就是你我。

岁月很长，人生很短，
要学会及时止损

假设你在一家高档餐厅吃饭，两个小时后，你的酒杯里还有 1/3 杯 1982 年的拉菲，盘子里还留着半勺大白鲟鱼子酱。这些剩下的拉菲和鱼子酱，价值 1000 美元，而你已经酒足饭饱，再吃就撑了。你会怎么处理？

我想，大部分人都会咬咬牙，强撑着把它们塞进肚子，以免浪费。但更好的处理方式，也许是直接倒掉。

我们吃任何食物，无非三个目的：果腹、美味、健康。当你已经很饱了，再好的食物对你来说，都成了负担。它们既难以下咽，又有害健康。若因拉菲和鱼子酱很贵，硬把它们塞进肚子，看起来是没有浪费，但是却忘了我们吃它们的目的是什么。

类似的场景，每天都在家庭上演。小两口去某地旅游，发现景色一点都不好看。老公说："来都来了，还是转转吧。"结果，交通又堵，天气又热，景点又挤，小两口抱着一肚子不顺心回去，路上还大吵了一架。

到电影院看电影，发现片子很"烂"，老婆说："票都买了，还是看完吧。"结果，浪费了两个小时，看了一部自己完全不喜欢的"烂片"。

在水果摊买了葡萄，回家一吃发现很酸，爸爸说："钱都花了，还是吃掉吧。"结果，什么美味都没品尝到，反而把牙"酸倒"了。

家里红烧排骨做多了，吃到最后还剩下一些，妈妈说："每人两块包圆，都别剩下。"结果，你打着饱嗝强行咽下的两块排骨，不仅没有给你带来任何好处，反而使你的血糖、血脂、血压升高，最终变成了腰间肥肉。

* * *

经济学上有一个概念，叫作沉没成本，意思是已经付出、不可收回的资源。我们为一件事所付出的金钱、时间、精力、感情等，都属于沉没成本。在做决策时，我们不能把沉没成本纳入考量，不管之前已经付出了多少，都和当下的决策无关。

我们需要考虑的是另外两个概念：机会成本和边际收益。

机会成本是现在付出的资源假如用于做其他事能带来什么收益，即为了做这件事情而放弃了多少本来可以拥有的别的收益。

边际收益是要做的这件事情能带来多少新增的好处。边际收益既可以是正的，也可以是负的。如果这件事情不但没带来新的好处，反而带来了新的损害，那么边际收益就是负数。

以看电影为例，它的沉没成本是买电影票的钱和路费。在你开始观影后，这些就无法收回了，你看或不看都不能使它减少分毫。它的机会成本，是你用两个小时的时间干别的事情可能带来的收益。例如，去逛街、玩手机、回家睡觉，或者学习，给你带来的好处。它的边际收益，是指你通过看这场电影获得的体验。

一场不好看的电影，既浪费了你两个小时，又给你带来不好的观影感受，说明它的机会成本很大，边际收益为负。

从理性上来讲，我们一旦确定电影不好看，就应该马上离场，去干别的事情。不管电影票是 10 元、100 元，还是 1000 元，都应如此。

前面说到的拉菲、鱼子酱、旅游、葡萄、排骨，也都是一样，为此付出的成本已无法收回，如果它们现在只能给你带来负的边际收益，或者说造成损害，那就应该马上放弃。

但人类的不理智之处在于，我们往往会因为惋惜已经付出的东西，而对自己施加新的伤害。

* * *

如果说多吃一块排骨，只不过是让我们长胖一点而已，那么，有很多沉溺于沉没成本的行为，则会给我们的人生带来巨大的痛苦和灾难。最典型的三个领域是感情、事业和投资。

很多情侣或夫妻，相处一段时间之后，已经出现了诸多不合，日常相处龃龉不断，甚至发现另一半原来是"渣女"或"渣男"。但是由于之前已经付出了那么多青春和感情，所以就忍着，当断而不断，结果每天和一个不合适、不喜欢的人在一起，生活过得非常痛苦。

在工作和事业上，有很多人宁愿做着自己不喜欢、不擅长的事情，也不愿意换一条路走。究其原因，是他们觉得自己在这一行已经干了这么久，若改行，原来的这些就都白干了。

有些企业也是如此，在市场已经发生变化，原来的产品渐渐没那么受欢迎时，还会因为已经在这个领域投入了许多的人力、物力，或者沉溺于曾经的辉煌而迟迟不愿转型，结果错失了新的机会。最典型的例子就是柯达公司。

在很长一段时间里，柯达是相机和胶片产业的霸主，在相关领域有着强大的品牌支撑和技术储备。它是世界上第一家开发出数码相机的公司，但它为了保持原有产品的优势，没有把重点放在数码相机上面，而是紧抱着传统胶片相机不放。结果，在数码时代，柯达没落了，最后落得一个破产的结局。

在投资领域，人们更是经常犯这种错误。当投资出现损失时，绝大多数人想到的不是及时止损，而是如何回本。

当投入 100 万元，有 80 万元已经损失掉的时候，人们并不把那 80 万元看作已经打水漂了，而是还当成自己的，以为损失的本金迟早会回来。

还有很多人，为了能赚回那 80 万元，还不断地追加投资，最后血本无归。最极端的例子就是赌博，在沉没成本谬误的影响下，每一个赌徒都是越输越想着回本，不到倾家荡产决不罢休。

当沉没成本很大的时候，人们的心理很难不受影响。但我们必须学会抵抗沉没成本的诱惑，不管这有多难。

上面说的，是狭义的沉没成本，它们是我们主动付出的资源。

广义的沉没成本，还包括那些由于个人或他人的错误，或者无法抗拒的客观因素而业已造成的、无法挽回的损失，例如，打翻的牛奶、破碎的花瓶、错过的末班车。

这些小的损失只不过是让我们心情变差一点而已，但有些较大的沉没成本常常会给我们带来痛苦，并干扰我们的决策。例如，老人没有看好孩子，导致孩子烫伤；老公躺在床上抽烟，导致房子被烧；高管决策失误，导致公司损失了1000万元。

遇到这种情况，很多人的第一反应是生气和指责。但问题是，这些事情已经发生，沉没成本已经产生，生气和指责毫无意义。

正确的做法应该是马上解决问题。等把孩子的烫伤处理了、新房子买（租）好了、公司业务恢复正常了，可以再回过头来批评。但批评也不是针对它带来的损失，而是针对如何吸取教训，避免下次发生同样的事情。

有很多家庭或公司，出了问题第一时间就开始争论是谁的责任，而不是解决问题，这就本末倒置了。

＊＊＊

沉溺于沉没成本，是人类的本性。针对我们的这一"缺陷"，有人设计出很多套路，想让我们上当。例如，很多商家会让客户交少量的定金，把客户"锁定"，最后做成一大笔生意。

美国一些学校的兄弟会（如耶鲁大学的骷髅会），在新人入会时，会举行以虐待和侮辱为主要内容的入会仪式，让新人身体和精神都备受折磨。但越是这样，其内部凝聚力越强。因为每一个会员都觉得我经历了千辛万苦才进来，一定要珍惜。

现在有一些付费社群或组织，也是采取同样的路数。组织者要求你填很多复杂的表格，交很多钱，还要经过重重审核才能加入。因此，一旦加入，你就不会轻易退出。

有很多骗局，也是利用人们在乎沉没成本的心理，先是让你交少量的钱把你套住，然后越交越多，到最后，你就无法脱身了。因为一脱身，前面所有的钱都拿不回来了。这样的套路还有很多，稍不注意就会中招。

要排除沉没成本的干扰，我们需要学会改变决策的思维模式，让过去的事情过去，把目光投向未来。

首先，我们需要在脑子里设置一个警铃，当你听到、说到或想到"来都来了、钱都花了、票都买了、都已经投了那么多钱了、都做了一半了、凑合着过吧、当初那么贵买的呢……"这些词句时，脑中警铃就要响起，提醒自己别掉进沉没成本的陷阱里。

你需要马上想想，这件事继续做下去给你带来的是好处还是坏处？你想继续做，是因为心痛已经花掉的钱和时间，还是因为它确实对你有用？

其次，在做决策时，我们有时候需要化身局外人，冷眼旁观，让自己脱离非理性因素的羁绊。

这里有一个绝佳的例子：英特尔公司的转型。在20世纪80年代之前，英特尔以做存储器而出名，"英特尔"三个字几乎就是存储器的代名词。但是进入80年代以后，日本厂商崛起，存储器市场被瓜分，英特尔的生意大不如前。

此时，英特尔在存储器方面的人才、技术、品牌的积累都是丰厚的，但这些都已经是沉没成本。

英特尔 CEO 戈登·摩尔和总裁安迪·格鲁夫进行了一次经典的对话。摩尔问："如果我们离开，新的 CEO 上台，他会怎么做？"格鲁夫回答："他会放弃存储器业务。"摩尔说："那为什么我们自己不这样做呢？"

就这样，摩尔和格鲁夫放弃了巨大的沉没成本，英特尔重新出发，成为微处理器领域的龙头。它的"Intel Inside"（内有英特尔）几乎成为每台电脑的标配。

英特尔转型的故事给我们的启示：当面对沉没成本时，我们不妨想一想，如果一个没有付出过成本的局外人来处理这事，他会怎么做？

我们日常生活中也可以这样反过来问自己：如果那钱不是我花的，我会怎么做？这样，也许你会更痛快地把最后一点吃不完的菜倒掉；把买了从不穿的衣服送人；把招的不合适的员工辞退……

普通人往往更关心沉没成本，高手则会看边际收益。沉湎过去，还是着眼未来，这两种不同的看问题方式，决定了两种不同的人生。老盯着过去，都是惋惜和痛苦；只有看向未来，才有出路和希望。

美团的创始人王兴常说的一句话，我也很喜欢，在这里与大家共勉：既往不恋，纵情向前。现在，请思考一下，你的生活里有哪些"喝不完的拉菲"和"吃不下的鱼子酱"，请把它们倒掉！别让沉没成本拖累你的人生。

2 真相

了解这些真相，
你也可以收获别样人生

拼命做到"第一"，
如若不然，请尽早退场

近些年来，中国社会发生了很多变化。我们的出行多了滴滴，娱乐多了快手和抖音，吃饭多了美团和饿了么。然而，你有没有发现，这些领域都曾经有过激烈竞争，众多企业一拥而起，"大打出手"，最后只剩下一家或两家企业占领了绝大部分或全部市场。

一个或两个优势竞争者，获得绝大部分甚至全部好处，这个规律叫"胜者通吃"，也叫"胜者全得"或"赢家通吃"。根据维基百科的解释，"胜者通吃"市场是这样的：一个产品或一项服务只比竞争对手稍微好一点点（1%），却能得到完全不成比例的巨大收入份额（90%～100%）。

"胜者通吃"这一规律，在很多领域都有体现。大学里，综合评定最优秀的那位同学，独占了保送清华的机会；App 应用市场上，前 1% 的公司占据了 70% 的下载量和 94% 的收入，剩余 99% 的公司只能争夺那 30% 的下载量和 6% 的收入。

在风险投资市场上，几乎所有 2000 万美元以上的投资，都投给了细分市场的前两名。

到了互联网乃至移动互联网时代，由于信息的流通更加快速、便利，几乎所有的互联网产品和公司，都遵循着"胜者通吃"的规律。

* * *

如今 5G 时代已经来临，信息的传输将实现百倍加速，二八法则的表现会更加明显。在很多领域中，如果你领先所有对手 1%，那么你将成为占有绝大部分或全部市场份额的成功者。如果你落后于对手，哪怕只是一点点，你都将被无情地淘汰。

人类并非地球上存在过的唯一有智慧的生物，在生物的进化过程中，曾经有很多其他兄弟人种和我们并存，如著名的尼安德特人。但最后只有我们这个种群的人存活了下来，并发展为今天的人类。

一开始，我们的祖先并不比尼安德特人聪明多少，甚至在某些方面还不如尼安德特人。例如，我们祖先的脑容量就没有尼安德特人的大。但是综合看来，我们的祖先比尼安德特人更适应当时的环境，所以竞争的结果就是，我们的祖先存活下来，尼安德特人灭绝。

市场中企业的发展和环境中物种的演化，遵循着同样的规律：物竞天择，适者生存。

在生物进化的亿万年的时间长河中，微小的优势持续积累，就会产生巨大的作用。在信息时代，信息的高速传播使得优势积累的时间无限缩短，现代企业之间的竞争，在很短的时间内就能分出胜负。因为信息的流动加快了市场选择的过程，也就是说，信息加速了进化。

过去，一家企业从一个小地方发展起来，要经过几年乃至几十年的时间，才能扩张到全国或者全世界。由于信息和物流的限制，远方的同行也很难跑到该企业所在的地方与其竞争。而今天，绝大多数互联网企业在成立的第一天，就会面向全国，甚至全球。

所以，从一开始，我们面临的就是全网、全国甚至全世界的竞争，因为信息流通的便捷，山川河岳已经无法帮我们阻挡其他竞争者的到来。再加上风投资金的助力，地方性小企业已经很难应付全国性大企业摧枯拉朽般的进攻。

* * *

"胜者通吃"是一个不以人们意志为转移的客观规律，而且这一客观规律在 5G 时代会表现得更加明显。从国家层面讲，也许政府可以采用某些政策去限制和减少其产生的危害，但对于个人来说，我们唯有接受，并好好利用它。

那么在 5G 时代，我们要怎样利用"胜者通吃"这一规律帮助自己取得成功呢？我总结了 4 个层次的应对策略：颠覆式创新策略、领先 1% 策略、长尾生存策略、骑猪策略。下面我们来分别介绍一下这 4 个策略（图 2.1）。

第一层次的升维竞争——颠覆式创新策略。

最高明的竞争，是面向用户的基本需求，从更高的维度直接颠覆原有产业。

在功能手机时代，诺基亚是当之无愧的霸主，没有谁可以挑战它。后来，苹果公司重新定义了手机，开创了智能手机时代，使得诺基亚在极短的时间内从巅峰坠落，最后被微软收购。

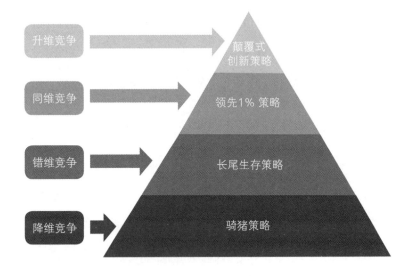

图 2.1　四维竞争策略图

　　手机淘汰相机，网络视频蚕食电视节目，自媒体打败纸媒，微博取代论坛和博客……这些都是利用颠覆式创新从更高维度竞争的经典范例。

　　值得注意的是，颠覆式创新并非一定要原创。把该市场中已经存在的产品，创造性地应用到别的市场中，这也是颠覆性创新。微博、滴滴和美团，均是如此。

　　过去 30 年间，电脑和互联网的兴起，颠覆了很多传统产业；过去 10 年间，智能手机和移动互联网的兴起，颠覆了很多传统互联网产业。

在5G时代，将会有更多的颠覆式创新出现，我们现在熟悉的行业和产品都可能被再次重构。谁能完成新的颠覆式创新，谁就具有了从更高维度竞争的能力，就能成为新时代的超级巨头。

第二层次的同维竞争——领先1%策略。

随着信息流通的加速，二八法则将更趋极端，"胜者通吃"规律更为明显。

一个行业通常只有一家或两家企业能取得成功。这就意味着，在同一维度的竞争下，你必须比竞争对手领先1%，才有可能成为市场进化中活下来的那一个。在"人无我有"的竞争中，你需要比别人快1%；在"人有我优"的竞争中，你需要比别人好1%。

请注意，这里的1%，并不代表我们要精确地达到这个数字。它其实代表两个含义：一是你需要比别人领先；二是你的高明程度不需要超出别人太多。

在网约车竞争中，滴滴比同行领先了1%；在团购网的竞争中，美团比同行领先了1%。所以滴滴和美团都活下来了，并占领了绝大部分的市场。

我不是说那些比别人差的产品和企业就不会存在，不，它们会一直存在，只不过不是同时存在。它们是一茬倒下，另一茬又冒出来，每一茬都无法做到持续盈利，有时候它们会挣扎一阵，但最终都将销声匿迹。

第三层次的错维竞争——长尾生存策略。

在同一个赛道上，只有领先1%的高明玩家能留下来，其他的玩家最终都会消失。但在赛道与赛道之间的缝隙中，还是有一些玩家能在此幸存下来的。例如，小红书是一个"种草类"的App，它的用户基本上都是女性；虎扑是一个体育社区，它的用户基本上都是男性。

针对特定人群的社交、外卖、出行、新闻等的行业都有其长尾市场。这个垂直领域的边界，可以是地区、性别、年龄、行业、知识层次、身份地位、特殊癖好等。当然，这些也是我们可以开发并利用的机会。

但是，我们不要指望做得太大。因为如果行业太过细分，市场空间就被限制了，天花板会相对较低。而且在这些选定的细分领域中，你也必须做到在你所处的这条空间裂缝里比别人领先1%，只有这样你才能活下来。毕竟，小红书、虎扑都在各自的细分领域中占据了绝对优势。

另外还有一个错维的方式，就是选择那些因具有某些特殊因素而不会出现"胜者通吃"的行业。例如，很多基于固定地址的服务，虽然也受信息爆炸的影响，但是被影响的程度比纯互联网服务要小得多。

这方面典型的行业是饭店、宾馆、旅游景点等。因为交通成本（包括车辆费用、路途时间和路上的不舒服感）为你框定了细分赛道，你只需要在特定的地理范围内参与竞争就可以了。

第四层次的降维竞争——骑猪策略。

雷军说，在风口上，猪都能飞。但是，风口上的"猪"毕竟只是极少数。如果做不了风口上的"猪"，那就骑到"猪"身上。

苹果公司创造了智能手机的风口，赶上趟的智能手机生产厂家，可以说是"风口上的猪"。而做智能手机屏幕的京东方，做手机组装的富士康，就是骑"猪"的能手。如果说社交电商是一头"大猪"，那么卖衣服的薇娅和卖口红的李佳琦正骑在这只"大猪"身上。

特斯拉是新能源车和自动驾驶风口上的"大猪"。我有一个叫小特的朋友，建了一个公众号叫"小特叔叔"，专门写关于特斯拉的各种文章，结果这个公众号就成了特斯拉的用户和潜在用户必看的公众号。小特靠这个公众号年入百万，特斯拉公司还专门奖励他一辆价值25万美元的特斯拉跑车。

所以说，如果你非常厉害，做不了"乔布斯"，也可以做"郭台铭"；如果你有某方面特长（如擅长带货），做不了"马云"，也可以做"薇娅""李佳琦"；如果你只是普通人，只要有意识，够努力，做不了"马斯克"，也可以做"小特"。

当然，"骑猪"的办法有多种。你可以把"猪"当成你的客户，为"猪"提供配套的服务。例如，华为、小米的供应商和苹果配套产业链上的厂商都是这样做的。你也可以利用"猪"搭建的平台做自己的事业。例如，人们可以在阿里巴巴、淘宝、京东、拼多多等 App 上卖货；可以利用今日头条、抖音、快手、微信公众号等打造个人 IP。

你也可以通过服务于"猪"的供应商赚钱。例如，公众号有公众号迁移、公众号排版等服务；电商有各种电商培训、代运营等服务；微信有各种社群营销、朋友圈运营培训等服务。你还可以服务于"猪"的消费者。例如，做手机测评的王自如、专写特斯拉的小特叔叔、街头贴膜的小哥等，他们都是服务于消费者的。

用经济学的语言说，那些"风口上的猪"的活动产生的外部效益，远高于它本身得到的收益，也就是说它能产生巨大的外部经济。所谓"骑在猪身上"，在理论上的解释就是分享这种巨大的外部经济产生的利益。

　　从图 2.1 中可以看到，越往塔尖走，人越少，取得成功也越难，一旦成功，收获也会更大。我们不一定要刚开始就处在塔尖上，可以慢慢从底部往上爬。毕竟，亚马逊最开始也不过就是个网上书店，Facebook 起初也只是个校园交友网，微软也是傍着 IBM（国际商业机器公司）这头"大猪"起家的。

* * *

　　以上说的是作为企业、企业主、创业者应如何生存，那么作为普通打工族，我们应该如何生存呢？

　　首先，我们要善于挑选比别的竞争者领先 1% 的老板和企业。如果自己不能成为"通吃"的胜者，那就追随潜在胜者，帮助他们获胜。只有这样，我们才能分享到胜者收获的果实。

　　其次，我们要尽量比其他人领先 1%。一个组织在外部与市场的所有参与者竞争，组织里的人员同时也在相互竞争。组织内部的利益分配同样符合二八法则。高管就是比普通员工薪水高；美国 CEO 的平均工资是员工的 400 倍；公司顶级销售员的提成比其他所有人加起来都多。

在农业时代，你比别人领先1%，只不过一年多收获几百斤稻子；在工业时代，你比别人领先1%，只不过每天多制造几百个螺丝钉；在信息时代，你比别人领先1%，可能将拥有整个"赛道"。

此时，你与第二名的差别，不再是101和100的差别，也许是10000和0的差别。这就是你为什么永远要比别人领先1%。因为，你只有不断进化，让自己比别人领先1%，才能让自己成为二八法则中那20%的人，才能分享那80%的收益。

善于应对不确定性，
人生就有无限可能

很多人毕生都在追求安全感，为了得到对未来的确定性，他们愿意做任何事情；而另一些人，则非常能容忍不确定性的存在，他们对世界的复杂有着深刻的认识，善于接受不确定性，并且习惯在高度不确定的环境中做决策。后一种人往往更容易成为成功的政治家或企业家。

任正非把华为管理哲学的核心归结为"灰度理论"。马化腾也把腾讯的成功归因于"灰度哲学"。

所谓"灰度"，是指介于黑和白之间的一种状态。世间万物的发展、每个人的特质、每个团队的情况，都不是非黑即白的，其中有广阔的灰色空间。

幼稚的人采用"黑白二分法"来看世界，就像小孩看电影总要分出好人和坏人一样。然而，成熟的标志之一就是认识灰色，接纳灰色。因为，灰色才是世间万物发展的常态。

* * *

我曾经写过"TMD 三部曲"，即有关今日头条、美团、滴滴等创始人的故事，并对他们的成长历程进行了细致且完整的梳理。在研究张一鸣、王兴和程维的成长经历时，我发现了一个有趣的现象：三个人的成长过程虽各不相同，但他们都很善于应对不确定性。

今日头条创始人张一鸣是典型的技术宅男，特别冷静和理性，甚至被同学、朋友称为"机器人"。他喜欢规律化和程序化的东西，不喜欢不确定性的东西。他很喜欢做一名程序员，就是因为其工作的确定性：程序员输入代码，电脑输出结果，只要没有 bug，结果完全可以自己操控。

在《财经》记者宋玮的采访中，张一鸣曾说："我不喜欢不确定性，这与我程序员出身有关系，因为程序都是确定的，但事实上，CEO 是焦虑的最终承担者。"

所以，从程序员转型当 CEO 之后，张一鸣一度非常痛苦。因为 CEO 每天都要在不确定性中做决策。后来张一鸣认识到："它反正是个概率分布，你就做最佳决策就行了。"

由于这一认识，张一鸣完成了从程序员到 CEO 的蜕变。如果不是学会了应对不确定性，张一鸣后来不可能做出今日头条——因为今日头条面临的政策、法律、行业竞争的不确定性，都是无比巨大的。

* * *

美团创始人王兴，很早就认识到了不确定性这个问题。他对不确定性的容忍，似乎是与生俱来的。从一开始创业，他就无所畏惧，不断尝试新的东西，不害怕失败。

他常常引用的一句话是 "Only the dead have seen the end of war"，意思是"只有死者才知道战争的结局"。

他极力推崇的一本书是《有限和无限游戏》。有限游戏有一个明确的结局，而无限游戏则没有谁输谁赢，可以一直玩下去——这就是他眼中的竞争。

对于普通人来说，他们是无法投入地玩一场看不到结局的游戏的。但王兴却对此乐此不疲。他能够接受不确定性，可能和他的家庭情况有关。

在王兴一两岁的时候，王兴的父亲就成了当地有名的万元户，后来又发展为亿万富翁。王兴在成长的过程中，从来不用为钱发愁。

优越的家境给了王兴底气，让他从来都不害怕创业的失败，毕竟有人可以随时为他托底。这个外在条件是张一鸣和程维不具备的。

这也给了我们一个启示：尽量为孩子创造一个良好的环境，让他们内心充满安全感，那么他们未来对不确定性的容忍度就会比较高。但是，这并不意味着普通家庭的孩子就无法容忍不确定性了。

张一鸣和程维的父亲都是当地的基层公务员，他们的家庭最多只能称得上是小康家庭。他们曾经也拼命追求确定性，但是最终，他们都克服了内心的焦虑和恐惧，学会了与不确定性共舞。所以，每个人都可以通过学习克服焦虑和不安全感，接纳不确定性。

* * *

滴滴创始人程维也有与张一鸣类似的经历。

最初的时候，程维特别喜欢看战争类的书籍。于是，他用看待战争的方式来看待商业竞争，面对竞争对手，他凌厉地进攻，拼得你死我活。

在程维的早期理解中，战争就是你死我活，一定会有一个明确的结局，后来才慢慢发现不对劲。虽然滴滴在与快的、优步的两场惨烈大战中都取得了胜利，但是程维也已经筋疲力尽了。

在经历了痛苦的争斗之后，滴滴合并了快的和优步。现在，滴滴的董事会是中国公司里面阵容最豪华、利益格局最复杂的董事会，阿里巴巴和腾讯都在董事会中占有重要席位。

在这两大巨头之间斡旋，实在不是一件轻松的事。所以程维认识到，以前那种想要在一切的战斗中获得一个确定结果的想法是行不通的。

在《财经》记者的采访中，程维说："老实说，过去我看了很多战争的书，研究战争的方法论，一切都是为了赢，为了生存。但慢慢我意识到，最高明的策略不是在一个黑暗的森林里和所有人博弈，敌人是打不完的。"

之后，程维甚至不再看战争类的书，改看物理和生物类的书。对此，他解释道："军队和战争教你最极致的输、赢的手段。但生物系统、物理系统，它们的复杂性人类无法定义。今天你能够理解它最底层的规律，你就能够轻松。如果你不理解，它就会崩溃，各种崩溃就会让你很痛苦。"

在一次公开演讲中，程维感叹："创业者是最不容易的一群人，他就像推开一扇门，外面是漆黑一片，那条路是不清晰的，要时时刻刻一边摸索，一边认知，一边修正。不确定性是应该的，所以你必须是一个乐观主义的人，你必须是一个有一点无畏的人，因为在做没有人经历过的事情。"

作为行政管理专业出身的阿里巴巴的销售员，程维对不确定性的接受度，一开始就比张一鸣要高。但他也是经历过惨烈的厮杀，才最终深刻地理解了不确定性这个问题的。

*　*　*

任正非也是经历过痛苦的挣扎和无数次的碰壁，才最终明白了要善于应对不确定性这个道理。

在《一江春水向东流》这篇文章中，任正非提到，他小时候最崇拜大力神和项羽。这种凭借个人力量可以掌控一切的个人英雄主义者，成为他学习和效仿的对象。

但是，直到后来碰得头破血流，他才真正明白"团结就是力量"这句话的真正内涵。他说："想起蹉跎了的岁月，才觉得，怎么会这么幼稚可笑，一点都不明白开放、妥协、灰度呢？"

40多岁时，任正非的前程充满了不确定性。但他还是一头扎进了这个充满不确定性的洪流之中。

30多年来，华为屡创奇迹，已经成为世界第一大通信企业和第二大手机企业，但任正非从来不觉得自己从此可以高枕无忧了，相反，他的忧患意识更加强烈了。

在华为蒸蒸日上的时候，他专门写了《华为的冬天》这篇文章，警告大家要准备过"凛冬"。在风平浪静的时候，他做出极限生存的假设，为最坏情况的出现做好了准备。

任正非说："我们无法准确预测未来，但仍要大胆拥抱未来。面对潮起潮落，即使公司大幅度萎缩，我们也要淡定，也要矢志不移地继续推动组织朝着长期价值贡献的方向去改革。"

对灰度的深刻认识，让任正非在管理公司时采用了"灰度哲学"。在一次题为"管理的灰度"的讲话中，任正非提出："（领导人的）水平就是合适的灰度。""一个清晰的方向是在混沌中产生的，是从灰色中脱颖而出的，方向是随时间与空间而变的，它常常又会变得不清晰，并不是非白即黑、非此即彼。合理地掌握合适的灰度，是使各种影响发展的要素在一段时间和谐，这种和谐的过程叫妥协，这种和谐的结果叫灰度。"

无独有偶，马化腾也专门做过一个题为"灰度法则的七个维度"的演讲。他说："在腾讯内部的产品开发和运营过程中，有一个词一直被反复提及，那就是'灰度'。""互联网是一个开放交融、瞬息万变的大生态，企业作为互联网生态里面的物种，需要像自然界的生物一样，各个方面都具有与生态系统汇接、和谐、共生的特性。从生态的角度观察思考，我把 14 年来腾讯的内在转变和经验得失总结为创造生物型组织的'灰度法则'，这个法则具体包括 7 个维度，分别是需求度、速度、灵活度、冗余度、开放协作度、创新度、进化度。"

实际上，腾讯的产品开发，一直都遵循着灰度原则。灰度理念贯穿了产品设计、上线的全过程。灰度测试，也是所有互联网公司开发产品必不可少的一个步骤。

不确定性下的灰度，既是世界的本质，也是商业运作必须遵循的原则，同时还是企业管理和产品开发的方法。

* * *

上面讲的都是企业和企业家。其实，我们每个人每天都在面对不确定性，都要在灰度中生存和做决定。

我们读书时要在文科和理科中做出选择，高考结束后要选择学校，大学里碰到喜欢的异性要决定追还是不追，工作中要决定跟随哪个领导，工作几年后要决定是否跳槽，跳槽时要决定是换个大公司还是小公司，或者干脆自己创业……

在我们的每一个决定中，不确定性始终存在，因而我们有时会感到迷茫和焦虑。

为了求得内心的安全感，我们会付出很多。而有些人因为过于追求安全感，只愿意待在自己熟悉的地方，永远不愿意主动往未知的地方迈出一步。这时，他们会短暂地获得对自己命运的控制力，看起来好像拥有了一定的安全感，但随着时间拉长，他们会发现这种安全感不堪一击。

很多时候，更多的金钱和感情的回报，往往都是在不确定性的灰度中产生的。

当你投资了风险很低的行业，你就丧失了获得高回报的机会；当你选择了稳定的工作，你就可能丧失了轰轰烈烈地开创辉煌事业的机会；当你为了抓住感情上的安全感而过高要求的时候，对方反而会离你而去……

我们要想获得成功，并不是做什么事都可以，而是要在各种可能性之下寻找最优解。这个最优解是一个概率分布，不是一个确定的数字。

普通人会追求一个确定的结果，而高手则会追求概率上的优势。普通人在面对失败时，会痛不欲生；高手在面对失败时，则会调整策略，继续寻求下一个概率优势。当你能够接受不确定性时，也就能坦然接受失败。这时，你会勇敢地追求优秀的异性，会大胆地跳槽，会信心满满地创业……

＊ ＊ ＊

人类曾长期生活在森林、稀树草原中，几百万年的进化所带来的压力形成了我们追求确定性的本能。但是，这一本能更适合居住在森林、稀树草原的裸猿，或者农业时代的农民。

如今，我们生活在钢筋水泥的城市里，开着汽车，用着智能手机，过着高度商业化的生活。信息传播的高度便捷，使得不确定性成为世界的常态，因此，我们必须发展出应付不确定性的本能。

我们可以按照五个层次来接受和应对不确定性。

第一个层次——接受世界的不确定性。

"蝴蝶效应"告诉我们，世界会因一些微小因素的变动而发生很大的变化；"薛定谔的猫"告诉我们，事物发展不是确定的，而是量子态的叠加；"热力学第二定律"（熵增原理）告诉我们，世界总是在变得更加混乱无序。

可以说，我们生活的世界中很多事情都是不确定的。对于强迫症患者来说，这真是一个不幸的消息。但客观事实就是如此，我们谁也无法改变，只能去接受它。

我们需要认识到，努力工作，有时候不一定会带来意料中的回报。感情亦是如此。这个世界不存在稳定不变的生活和"铁饭碗"，人们会不时地面对惊喜和横祸……请记住，没有非黑即白，灰色才是世界的常态。

第二个层次——接受自己的不完美。

如果世界是不确定的，那么我们也没有必要在某个阶段过分追求完美，因为我们不知道到底什么样的我们更适合未来的世界。

所有成功的产品一开始都不是完美无缺的，都是先满足一个或少数几个最关键的需求后，再通过不断地测试和反馈去迭代优化。如果乔布斯最初因为屏幕易碎而不敢推出苹果手机，他就不会开创一个智能手机的新时代。

任正非和马化腾都是允许下属犯错、允许产品失败的企业家，因此才使得他们的企业不断进步。那些不允许下属犯错、不允许产品失败的企业都倒闭了，或者正在倒闭的过程中。

所以，我们要学会容忍自己、父母、配偶、孩子的缺点和错误。

很多家庭的父母会在孩子养育的问题上发生争吵，如果他们能认识到世界的不确定性，就会发现争吵毫无必要。其实，只要不触犯原则，什么样的教育方法都是可行的，并不一定要分出对与错。

在与别人的交往中，容忍不确定性意味着我们没必要刻意讨好别人。通常来讲，我们不愿意和别人起冲突，是因为我们不知道冲突会带来什么样的后果。我们对后果的担忧，也表现了我们害怕不确定性所产生的结果。

但内心强大的人不会惧怕这种不确定性，在与他人交往的过程中，他们可以自信地表达自己的观点和情绪，维护自己的利益。

第三个层次——打造安全边界。

由于世界有太多的不确定性，所以我们需要打造安全边界。

任正非在华为仍处于安全状态的时候，做出了极限生存的假设，并给自己设定了很大的安全冗余。这虽然要付出很大的代价，却能保证华为在极端的情况下可以很好地生存下来。

马化腾也会让几个项目组同时研发某一个产品，虽然这样成本很高，但他认为需要容忍这种浪费。在开发微信时，马化腾就安排了几个团队同时做研究，最后张小龙成功了。不能说其他几个团队做的事情没有意义，这正是灰度之下提高成功可能性的概率优势选择。

日常生活中，我们需要为自己打造安全边界，这就意味着我们要多存钱，多学知识，多交朋友，多锻炼身体。当然，也要允许适度浪费（不光是物品和钱财，还有感情、教育、时间等），给自己、家人和员工更多的自由。

你的安全边界越宽广，面对不确定性时就能越从容，应对突发状况就能越轻松。这就是为什么王兴能毫无顾忌地一次又一次创业，哪怕失败了十几次还能坚持；这也是为什么华为能在美国的全力打压下依然屹立不倒——因为它有"备胎计划"。

第四个层次——培养强大的决断力。

环境是灰色的，但决定是黑白的。天气预报说今天降雨的概率为50%，你不可能拿着50%的伞出门。你要么拿伞，要么不拿。可以说，我们每天都要在不确定性的环境中做出很多决策。所以，我们做事必须果断，不拖泥带水。

以企业家为例。企业家每天都需要做决定：上哪种产品、用哪种营销模式、开拓哪条渠道、提拔哪位高管、采取什么样的激励方式。这些决定都关系到企业的生死存亡。如果企业家没有强大的决断能力，企业是无法长久生存的。

要做出好的决策，需要有良好的决断能力。决断能力来自你对世界的认知。你对世界运行的规律越了解，对人性的认识越透彻，对商业发展的分析越深刻，你做出来的决定在概率上优势就越大。

有时候，我们会凭直觉做判断；有时候，我们需要详细分析，找很多数据，画很多表格，听很多意见，以此帮助我们做决策。不管用哪一种方式做决策，我们都必须有充足的知识储备和良好的认知。

所以，保持学习、观察、交流、思考的习惯对我们来说是很重要的。

第五个层次——帮助人们应对不确定性。

在电梯里，我们会紧盯着电梯内的楼层显示数字，以便知道电梯到了几楼；在十字路口，我们又会紧盯着跳动的数字，确认还有多少秒红灯才能变绿灯。

尽管这样做并没有为我们节省多少时间，但我们的焦虑会减少很多。因为这样做可以让我们感受到确定性的存在。

很多公司因为帮助用户减少了对不确定性的恐慌，从而获得了用户的好评，如星巴克让顾客横向排队，使每个顾客都可以看到店员准备饮料的过程；银行和医院会有叫号系统，可以让排号的人随时知道前面还有多少个人。

互联网时代，大部分的互联网产品都是在帮助消费者解决不确定性问题。

淘宝解决的是消费者不确定某个地方有没有自己喜欢的商品，以及价钱是否便宜的问题；京东解决的是消费者不确定买到的东西是不是正品，以及什么时候能送到的问题；滴滴解决的是消费者不确定走到路边有没有车，以及要等多久的问题。

从这个角度讲，你最厌恶或恐惧的不确定性的事物很可能就是你创业的起点。

因为不确定什么时候会生病，以及到那时有没有钱治病，因此有了医疗保险；因为不确定在哪里可以遇到想结婚的异性，以及他 / 她的情况是否和你匹配，因此有了世纪佳缘；因为不确定酒店有没有空房间，以及价钱是否合适，因此有了携程旅行网。

为什么现在最大的生意是向青少年贩卖梦想、向女人贩卖美丽、向中年人贩卖焦虑、向老年人贩卖长寿？因为不同的人群都必须面对不确定性。你能帮助人们应对多少不确定性，就能获得多大的成功。

* * *

世界的发展是一个不确定性的过程，而人类的本能是追求确定性。这就要求我们要想办法克制本能，拥抱不确定性。能不能拥抱不确定性，是高手和普通人的关键区别之一。对不确定性容忍度更高的人，从政和经商的可能性就越大，获得成功的可能性也更大。

任正非、马化腾、王兴等都是应对不确定性的高手。张一鸣和程维也经历过从追求确定性，到拥抱不确定性的转变，这让他们成了成功的企业家。

所以，从现在开始，我们要敞开心扉，学会容忍不确定性的存在，拥抱不确定性，给自己更多自由，给人生更多的机会。

你有多"土",就有多穷

很多时候，我们会感觉自己在这个快节奏的城市中生活得很艰难，渴望的成功久久不能到来，于是我们痛苦、无奈、彷徨。

我们之所以会这样，很可能是因为我们还没有适应工业时代的社会需要，还在用农业社会的思维方式和做事习惯来处理生活、工作、社交、投资等问题。

有些人，即使在城市里上过学，或已在城市生活了很久，他们仍然没有摆脱农业社会留在他们身上的烙印，其思维方式和做事习惯也仍然没有改变。可以说，他们身上的"土味"会把他们死死地拖在失败的泥潭里，阻止他们取得成功。

市场经济中，只有适应社会需要的人才能赚到钱，不适应社会需要的人将会举步维艰。可以说，只有去掉"土味"，你才可能取得成功。

以色列学者尤瓦尔·赫拉利在他风靡全球的现象级畅销书《人类简史》中提出了一个观点：人类的生理结构和生活、思维、社交习惯，其实是为了适应数百万年的采集生活而形成的。这些习惯，到现在还在影响着我们。

从这一推论出发，人类社会几千年来不同的生活方式，也在不同的人群中形成了不同的思维模式和行为习惯。

20世纪80年代，中国人曾反思"黄土文明"，希望拥抱"海洋文明"。这种反思虽然后来走过了头，走向了对中华传统文化的否定，但其提出的一些观点是值得思考的。在现代化的冲击下，中国人的"乡土思维"是否需要做出些改变呢？

* * *

托马斯·索威尔的著作《美国种族简史》分析了犹太人在现代社会的崛起。

在长达 2000 年的时间里，犹太人是没有国家、没有土地的一个可怜的流浪民族。他们在任何一个地方都处于被压榨、被排挤、被欺负、被诋毁、被防范的状态中。

由于长期没有土地，犹太人只好从事商业、手工业、中介、放贷收利息的古典金融业等行业。但在工业革命之后，长期从事工商业的犹太人迅速地适应了现代社会。

不管是在欧洲还是在新大陆，犹太人都能迅速崛起，并在商界、政界、文学界等都获得了举世瞩目的成就。

在学术界，很多世界级学者是犹太人；在金融业界，犹太人控制了华尔街，甚至可以在全球呼风唤雨；在律师、咨询等专业性的服务业中，犹太人也建立了非常好的口碑。

托马斯·索威尔特别提到，犹太人在很多行业都干得非常好，但在农业领域不行。美国的农业领域中从来没有出现过一个犹太血统的巨头。尽管现在以色列的农业发展得不错，但那其实都是工业化改造的农业。

在欧洲和美国几百年的发展进程中，犹太人从来都不善于发展农业，也从没有把农业做好过。因为犹太人没有这方面的思维模式和行为习惯。换句网络流行语来说，犹太人没有发展农业的"种族天赋"。

而中国人则不同，中国人几千年来都处于农业社会中，而且农业生产的文明已经达到了巅峰。在这个农业社会中，不管是经济，还是文化、军事、政治等，都已经达到了农业社会的制高点。

今天，中国人无论走到任何地方，第一件事就是把房前屋后的土地利用起来——种菜、养花。中国的南海有很多岛屿，于是，我们就想在这些岛屿上种菜，改善驻岛官兵的生活条件。种菜，被认为是中国人的"种族天赋"。

但遗憾的是，现代社会更需要工商业天赋，而不是种菜天赋。中国人在工商业、金融业、政界、学术界，暂时还竞争不过犹太人。因为中国还处于农业文明向工业文明转型的过渡期。而犹太民族2000年来一直都处于工商业文明中，因此在工商业社会中能如鱼得水，迅速崛起。

以上是从整体人群的文明或者说是从种族的角度来阐述农业文明在现代社会的不适应性和工商业文明的适应性。其实，对个人而言也同样如此，拥有现代化的工商业思维的人总是比拥有农业化的乡土思维的人更容易成功。

* * *

以下是我总结的乡土思维"七宗罪"。我们可以据此对照，看看自己是否有这"七宗罪"中的一条或者几条，然后加以思考，它或它们是如何限制了你的发展，让你的生活那么艰难。

第一，过于追求稳定，不敢冒风险。

农业社会的人们最重视稳定，最害怕风险。许多史书中都记载道，中国人最喜欢安稳无争、风调雨顺、四时有序的日子。当时的中国人必须依靠农业生产来维持生活，如果遇到天灾人祸，庄稼颗粒无收，那么人们就只能饿肚子了。

再加上当时科举制的实行，使得中国人形成了根深蒂固的"学而优则仕"的观念。于是，当时的中国人心中最想拥有的就是一份有保障、稳定的俸禄。

西方社会的文明主要是海洋文明。受海洋文明的影响，西方人敢于冒风险，愿意接受各种不确定性，而且也善于处理不确定性。

在农业社会中，人类是否善于接纳和处理不确定性的问题对自身的发展并没有太大的影响。一旦进入工业时代，这个问题就对自身的发展有着巨大的影响。此时，人类越善于接纳和处理不确定性的问题，就能生存得越好。

可以说，文明特质与历史进程的高度匹配性，让西方很多国家的发展超越了东方的中国、印度等国家，领先于世界。

现代社会时时刻刻都在发生变化，早已不是农业社会人们一辈子守着几亩薄田就能安稳过日子的时候了。工商业社会中，机遇与风险成正比。如果你过于追求稳定，不能忍受不确定性，就会丧失很多机会。

我们的父辈更青睐于体制内的工作，这情有可原。因为他们大部分人都是在农村出生、长大的，或者刚刚"洗脚上田"。但是，"80后""90后"都应该学会拥抱不确定性，与不确定性共处。

如果死抱着一份稳定的工作不放，或者被体制内的职位束缚住，什么都不敢做，这其实就是你的乡土思维在限制你的未来。

第二，只混强关系圈，忽略弱关系。

亲戚、朋友、同学、老师、老乡，这些天然形成的、经常联系的关系，就是强关系。而从陌生到熟悉这个过程中建立的联系，因为联系的频率较少，所以被称为弱关系。

农业社会里，强关系是绝大部分人一辈子能接触到的全部关系。儒家思想中强调"礼"，其实就是想让人弄明白每一个个体在强关系集合中所处的位置。

著名历史学家费正清说，中国农村社会结构的核心就是家庭制度，而中国社会最重要的特点就是熟人社会。作为农业文明的巅峰，中国人的亲属关系可能是全世界分得最细致的，中文分出的叔叔、伯伯、舅舅、姨父、姑父等称谓，英文仅用一个词——uncle 代替。

农业时代，人们只需要自给自足就行，或仅进行小范围的交换就可以满足自身的生存需要。而工商业时代是陌生的市场主体之间发生交易，人们从"熟人社会"进入"生人社会"。因此，在农业时代，弱关系显得不重要。但是，在现代的工商业时代，弱关系则非常重要。强关系中，由于交往的圈子相同，于是得到的外部信息较少，冗余信息较多。而弱关系中，我们总是能获得更多新鲜的、有价值的信息。

所以，热衷于请客送礼、拉帮结派，建立和维护强关系纽带的思维将越来越落后于时代，而以信息和价值交换为主的弱关系思维，将更适合当今的工商业时代的需求。

第三，相信宿命论，而不是个人奋斗。

我们常常听人说"这都是命""我哪有这么好的命""努力了也没用，结果还是一样"等的话。其实，这些都是"乡土思维"。

农业社会，生产力落后，人的力量有限而自然的力量无穷，于是人们总是觉得自己的一切都由老天决定。

从社会形态来说，由于政治、经济等制度的落后，农业社会中的人们无论如何拼命奋斗，都几乎没有可能改变自己的命运。长此以往，人们的内心就形成了强烈的宿命论观点。

于是，即便是战乱时刻能出来几个乱世英雄，或者科举考试中能出来几个苦读成才的高官，人们也往往认为，这些人是由于前世积了福德或文曲星下凡才有了这样的成就。

中国的农民非常勤奋，但这种勤奋是为了活命而不得不干苦力的勤奋，而不是相信自己的勤奋能改变命运的勤奋。

在当时，只有一部分的读书人相信，只要发奋读书，就能通过科举考试来逆天改命。而其他大多数人，尤其是农民，都只是安于现状，认为吃饱穿暖就可以了。

自大航海时代以来，西方社会中有无数人通过努力奋斗改变了自己和家庭的命运。于是，拼搏奋斗改变命运成了西方社会一种普遍存在的社会现象。渐渐地，西方社会形成了通过个人努力可以实现梦想的普遍预期，"美国梦"就是具体体现。

在工商业时代，竞争永无休止，个人一定不能服输认命。一旦你停止奋斗，社会就会把你抛弃，阶层就会把你踩在底下。奋斗，是让你的生活过得更好的必由之路。如果你认命，或者期望通过中彩票来改善生活，那你必然会越活越艰难，对人生也越来越失望。

第四，喜欢囤东西，拼命省钱。

每个家庭都有这么一位老人，什么东西都囤着，永远舍不得扔。瓶瓶罐罐、破铜烂铁摆得满屋都是，以至于家里都快站不下脚了，你要是扔掉，老人还得说你不会过日子。

每个家庭也有这么一位老人，宁愿早高峰挤一个小时公交车去大菜场买菜，也不愿意在楼下的菜店买，因为大菜场的菜便宜几毛钱。

每个家庭还有这么一位老人，吃剩的饭菜一定舍不得扔掉，要么不顾自己的"三高"（高血脂、高血压和高血糖），硬撑着吃完；要么不顾剩菜会产生亚硝酸盐或有毒细菌的风险，留到下一顿、下下顿，接着吃。其实，这些习惯都是长期在农业社会中因物质极度缺乏留下的后遗症。

美国人喜欢搬家，一辆车就能把所有东西装走，穿州过省，换个地方生活；而中国人搬一次家，简直要了老命。这其中的区别就在于，美国人家里囤的不必要的东西少，搬起家来也比较容易。

去过美国家庭的人会发现，美国人的家里简单、整洁，空间感很好；而中国人的家里，无论房子多大，总是堆满了各种东西。

为什么北欧的国家装修房子的时候都追崇极简风？因为

北欧人已经习惯了工业化时代的生活——不要的东西就扔掉，需要的时候再买就是。

在不必要的地方省钱，更是要命的毛病。有人总喜欢买最便宜的水果、面包，这些东西大多都是烂的或快过期的，味道不好不说，吃了还对身体不好，而且也不能满足口腹之欲。还有一些人总喜欢买低配置的电脑、手机和盗版的软件，结果用时处处不爽，不仅心情会受影响，很多时候还耽误了工作。

在工商业社会，我们需要重视空间的价值，重视体验的价值，重视时间的价值。不要把农业社会的"乡土思维"带进自己的生活和工作中，让自己活得憋屈难受，让工作变得不顺利或低效。

第五，抱着复古心态，而不是拥抱未来。

2018年9月，当代最伟大的数学家之一迈克尔·阿蒂亚宣称证明了"黎曼猜想"。后来大家发现，这位数学家的证明并不成立。我想，还好这是现代，我们不会盲目接受老人或者曾经很"牛"的老人的一切教导。而在中国古代，人们总认为，古人比今人厉害，老人比年轻人厉害，古代比现在厉害。

农业社会的发展是"平"的，1000年过去，社会还是一个样子，人们的生活也还是一个样子。在这样的社会里，古人和老人的经验可以使用。由于社会没有什么大的变化，人们对未来也没有什么期望，于是总把美好希望寄托于过去。一些中国文人爱幻想"上古时期""三王之治"，认为那是人类的黄金时代。

直到工业革命后，人类才从心理上开始接受"明天的生活会比今天更好，下一代的生活会比这一代更好"的观念。但从中国人真正明白这个道理到现在，也才几十年。我们还没能够把这种"明天会比今天好"的思维融入骨子里。

有时候，我们还会认为，学问是古人的高，药方是古人的好，认为自己人生所能达到的巅峰就是现在，于是不敢放弃现在去博一个更好的未来。

在工商业时代，我们必须抛弃这种"乡土思维"。我们要向年轻人学习，年轻人掌握新的技术，能引领潮流。我们要着眼于未来，要相信凭自己的双手能创造更好的未来。只有这样，我们才能跟上时代的步伐。

第六，平均主义思维。

在咨询工作中，我常常需要在各个企业做访谈。我发现，在关于薪酬待遇方面的访谈中，不管是高管还是中层，抑或普通员工，每个人都觉得自己拿的钱少，而别人拿的钱多。

他们提的最多的意见是，希望薪酬政策能体现公平、公正。

但也有少数人希望薪酬政策能体现价值贡献，贡献大的人多拿钱，贡献小的人少拿钱。可以说，前一种思维是"乡土思维"，后一种思维才是"现代思维"。

中国古代的继承制度是"诸子均分制"，家庭财产会在各个儿子之间平分，只有皇位、爵位或名位的分配需要采取"嫡长子继承制"，但是其他儿子也会有相应的权力。而古代的西方社会多采用"长子继承制"，爵位和全部家庭财产都由长子继承，其他儿子自谋出路。

因此，从古代到现在，中国人的思维习惯是喜欢平均主义，圣人总结为"不患寡而患不均"。凡要革命，人们一定要喊"均田地""均贫富""平均地权"等口号。

在财富线性积累的农业时代，人们追求平均主义也有其道理。但在财富指数暴涨的工商业时代，追求平均主义的思维已经不能适应社会的发展了。

现代社会的财富分配遵从幂律分布，通俗来讲，就是80%的新增财富会被20%的人拿到；一家公司80%的奖金会被20%的人瓜分。

现代社会已经不适合平均主义的存在。如果一个国家平均主义思想泛滥，那"大锅饭式"的灾难就会再次降临。如果一个企业有平均主义，那它离倒闭就不远了。如果你还抱着平均主义思维生存，那你就会常常抱怨命运不公，每天负能量满满。

所以，不如抛弃平均主义的"乡土思维"，认清社会现实，多思考自己怎么进入那 20% 的人群中去吧。

第七，时间观念的淡漠。

农业社会的时间观念是农时，或者节气，只要不误了节气，就不会误了农作。而农闲的时候，农时或节气就完全失去意义。所以，农业社会的人对时间没有一个准确的概念。

工商业社会则不同，货物的交接要精确到天，交通运输要精确到分，生产线上的操作要精确到秒，如果没有时间观念，一切就很容易乱套。

我们可以看到，发展比较好的工业国家，如德国、英国等，都有很强烈的时间观念。而西班牙、葡萄牙、希腊等国家则没有强烈的时间观念，相对来说，经济发展也比较缓慢。

前面说的是对他人时间的不尊重。另一个更要命的"乡土思维"是对自己时间的不尊重。怎样理解"对自己时间的不尊重"这句话呢？一个人使用低效率的工具或方法去做事，就是对自己时间的不尊重。

现实生活中有很多这样的例子，比如，明明买得起坐 3

个小时就到达目的地的高铁票，非要买需要坐 12 个小时到达的普通火车票；明明打车 10 分钟可以到达，非要坐公交车摇晃 1 个小时；明明正版软件 1 分钟就能解决的事，非要用盗版软件花 3 个小时去完成……时间都被这些低效的东西给浪费了。

另一种对时间不尊重的做事方式，是把过多的时间花费在无意义的事情上面。别人在学习，你在打游戏；别人在工作，你在刷抖音。游戏、抖音 5 分钟，人间已过 3 小时，可你还乐此不疲。

你有没有想过：你怎样看待时间的价值，时间的价值就怎样决定你的收入。如果你认为自己的时间不值钱，那你的收入怎么可能高得了呢？

我们必须认识到，现代的世界是工商业的世界，只有做符合新时代需求的事情，你才能获得相应的价值；只有做出符合新时代需求事情的人，才能赚到钱。"乡土思维"，只会限制你，使你远离成功。

* * *

以下是我总结的几点适应工商业时代的建议，希望能给大家带来帮助。

第一，研究工商业社会的需求。

工商业社会的需求和农业社会的需求是不同的。爬树、种田等是农业社会的需求；文学、体育、娱乐等是工商业社会的需求。这就是为什么爬树、种田不能加分，而蒋方舟、科比和刘翔被大学抢着要的原因。

我们要从社会需求出发，而不是从个人能力出发，去看待问题。你说你锯木头特别快，或者剪纸特别好，如果不能适应市场的需要，又有什么意义呢？但是，如果你能在市场中找到喜欢看你锯木头的人，需要你的剪纸的人，你的能力就有用武之地。

所以，我们要学会去研究工商业社会的需求。当然，社会中的需求还有很多很多，如果你能满足社会需求中的一点，哪怕是很小的一点，你就能赚到钱。

第二，培养适合工商业社会的思维。

在培养工商业社会的思维的时候，我们要坚决摈弃前面说的乡土思维"七宗罪"。除此之外，我们还要培养以下习惯和能力：不靠关系，而靠市场规则和个人奋斗；要终生学习，不懈努力，始终向上生长；要有长远眼光和投资思维，学会利用复利的力量；要注意树立个人品牌，因为在弱关系社会，个人品牌无比重要。

第三，锻炼适应工商业社会的生存发展能力。

我把这条放在最后，是因为从逻辑上，你先要知道市场有哪些需求，你应该具备哪些底层思维，然后再来锻炼相关的能力。只有这样才能有的放矢，少走弯路，事半功倍。

你要培养的能力，是从需求中来的，是在你的底层思维的帮助下培养来的。至于你具体需要培养什么能力，要根据你对市场需求的把握程度以及你的兴趣爱好和特长而定。我可以举一些例子供大家参考，你也可以自己思考和寻找。

例如，帮助生产者提高效率、降低成本，需要的相关专业和技能：人工智能、机械制造、工程设计、信息化、管理学、会计学等。帮助卖方迅速找到买方，需要的相关专业和技能：营销、电子商务、大数据、广告设计、市场策划等。取悦后工业社会娱乐至上的民众，需要的相关专业和技能：文学、艺术、体育等，并且必须能达到高水平。

还有一些通用的必备能力，例如，理财能力、运动能力、统计分析能力、领导能力、语言能力、写作能力等。工商业社会需要什么，你就锻炼什么，只要自己有能力，不愁抓不住机会。

中国的农业社会持续了几千年，进入工商业社会还没有多长时间。我们每一个人或多或少都具有一些"乡土味"，这跟我们在城市长大还是农村长大没有关系。但是我相信，随着工业化、现代化进程的加快，我们每个人身上的"乡土味"都会被淡化。

其实，"乡土味"和"现代味"并没有高低贵贱的区别。只是，"乡土味"会阻碍我们在工商业社会的发展，乡土思维也会限制我们取得成功，而现代思维则会帮助我们发展，帮助我们尽快取得成功。

及时获取更多信息，
才能不被牵着鼻子走

王小波在杂文《花剌子模信使问题》中这样写道：

据野史记载，中亚古国花剌子模有一古怪的风俗，凡是给君王带来好消息的信使，就会得到提升，给君王带来坏消息的人则会被送去喂老虎。于是将帅出征在外，凡麾下将士有功，就派他们给君王送好消息，以使他们得到提升；有罪，则派去送坏消息，顺便给国王的老虎送去食物。

现在，一些手机 App 开发者正在用互联网人工智能技术，把我们训练成一个个"花剌子模国王"。

不知你有没有发现，当你看某些 App 时，只要你看过某一方面的内容，以后就会不断收到含有同一类型内容的推送信息。而你不感兴趣的内容，则不会出现在你的面前。于是，你的视野永远被局限在一个非常狭窄的范围内。

可以说，我们关注的那一方面的内容，就成了"一口井"，而我们就成了坐在井中的"青蛙"。对于井外的一切，我们一无所知。

哈佛大学教授凯斯·桑斯坦在《信息乌托邦》中指出："信息传播中，公众自身的信息需求并非全方位的，公众只注意自己选择的东西和使自己愉悦的领域，久而久之，会将自身桎梏于像蚕茧一般的'茧房'之中。"

* * *

在 2016 年的美国总统大选中，很多美国人就尝到了信息"茧房"的苦果。

当时，我和不同地方、不同阶层的美国人聊天，请他们预测两位候选人——希拉里和特朗普，谁能当选新一任美国总统。访谈后，我发现，美国东部（华盛顿、纽约、波士顿）一带的教授、大学生、金融界人士，和美国西部（洛杉矶、旧金山、西雅图)一带的演艺界、互联网界、科技界的人士，基本上都认为希拉里稳赢。在他们看来，特朗普没有任何胜算。而美国中部大平原的农场主、五大湖区的产业工人，却基本上都认为特朗普稳赢。

希拉里的拥趸们，早早准备好了庆祝希拉里获胜的物品，就等着投票结果出来。教授和学生们在教室里集体观看电视直播，等着最后的狂欢。

结果，特朗普大获全胜。美国东、西部的精英们全都懵了，他们呆立在原地，不相信这个结果。他们无论如何也搞不懂，所有人都喜欢希拉里，为什么赢得选举的人却是特朗普？

"南都观察家"特约作者冷哲的一篇文章很好地解释了这个现象，他介绍道：

一位名叫穆斯塔法的软件公司市场总监，是希拉里的忠实支持者，他的 Facebook 上充满了各种各样支持希拉里的文章，他从来没有见过任何一篇支持特朗普的文章。他周边的朋友，也都是如此。所以他们全都坚定地认为，特朗普的支持者就算有，也是极少数。可是，当他去查阅美国总统大选期间的统计数字时才发现，单在 Facebook 上，特朗普的支持者就远超他的想象。有一篇名为《我为什么要投票给特朗普》

的文章，在 Facebook 上被分享了 150 万次，可他和他的朋友们全都没有听说过。

穆斯塔法反思道："我们的网络社交已经变成了一个巨大的回音室。在这里，我们基本上是和有着类似观点的同伴讨论几乎一致的观点……完全未能深入理解其他社交圈子里面的观点。"

试想一下，如果一个国家的外交观察家们也身处巨大的"回音室"之中，那是多么可怕的事情。那就意味着，他们完全无法准确描述现实情况，更无法准确判断事情的发展趋势。

也就是说，他们的预测结果，可能与现实完全相反，而这会给国家的外交政策带来巨大的灾难。

不要以为我在危言耸听。实际上，在美国的这次大选中，绝大部分国家的外交界和公关界的人士都预测错了。因为他们接触的都是美国政界、演艺界、互联网行业等的精英分子，而美国南部的穷苦农民、铁锈带的蓝领工人，他们根本就没有去接触，也不屑于去接触。

因为很多国家都预测希拉里会获胜，于是部分国家只准备了希拉里当选的祝贺词。当竞选结果出来后，他们不得不加班赶稿。

有的国家提前派出了对希拉里口味而不对特朗普口味的庆祝团队，结果碰一鼻子灰；有的国家事先和希拉里团队打得火热，等发现特朗普当选后，才发现连个牵线搭桥的人都没有……

由此可以想到我们每一个人的生存和发展状态。尽管我们只是一个普通人，无法与一个国家相比，但是，如果我们只沉迷于坐在自己的那一口井中，不管外界的各种信息，那么我们是不能做出应对时局的恰当决策的。

我们需要多了解外部的信息，这有助于我们做出正确的决策，避免失误。

这就告诉我们，在日常的生活中，我们必须多接触外界的信息，综合多方信息去判断，如此才能做出一个更加准确的判断，使之更符合自己真实的需求。

举几个例子：生病了，要不要看中医？打疫苗，能不能打国产的？转基因食品能不能吃？现在要不要买房？程序员是一种具有可持续发展的好职业吗？公司要不要转型，往什么方向转型？特斯拉的股票值不值得买？

所有这些问题，都需要我们在全面了解信息的基础上再做判断。如果你只看到某一方面的信息，对另一方面的信息视而不见，或者永远用批判的眼光去看与自己观点不同的信息，那么你可能就会做出偏颇的、对自己不利的决策。

* * *

现在的互联网中，人工智能推荐的应用范围越来越广，研究越来越深入。每一个应用软件的背后，都有一个庞大的团队，他们每天都在研究如何迎合和满足我们，默默地为我们建造"茧房"，使我们长期困在其中，不愿意走出去了解新的信息，从而做出错误的判断。

在中国，我们用的知乎、豆瓣、微博、微信、今日头条、抖音等App，从某个方面来说，也是在为我们建造"茧房"。在这些App上面，我们只关注"三观正"的人。

所谓"三观正"，就是指和自己的观点、价值观一致。对于那些不一致的人，我们要么永远都不会看见，要么已经对其取消关注（简称取关）或者将其加入黑名单（简称拉黑）了。

现在各种互联网公司的人工智能推荐越来越精准，它们在制造"回音室"这一功能上也越来越智能。长期运用某些App的人会越来越沉迷其中。

有时候，沉迷其中事小，最可怕的是，它们使人们看问题的角度越来越片面，以至于无法站在客观、公正的立场上对待一切事物。

其实，我们也不能把责任全推给各种各样的 App，我们的行为更多时候是由人性决定的。我们只喜欢看和自己观点一致的信息，而这些 App 恰好把我们不喜欢的信息屏蔽掉了，于是我们就更喜欢它们了。它们取悦我们，也在驯化我们。

利用人工智能算法向我们推荐内容的 App 是"刀子"，且是非常锋利的"刀子"。用得好，它会大大提高我们"切肉"的效率；用得不好，我们自己会被割得遍体鳞伤。

工具本身没有问题，是我们自己用了错误的方式使用它们。

在全国政协十三届二次会议的新闻出版界小组会上，政协委员白岩松提出，要警惕沉迷于"投你所好式"的网络，并把它上升到"民族危险"的高度。这并不是危言耸听。

美国社会已经被移动互联网深深割裂，自由主义和保守主义之间有了不可逾越的鸿沟。一些政治家每天把大量精力投入政党的斗争之中，不去讨论具体的社会和经济政策。

人与人之间的隔阂也越来越深。在很多深蓝州（民主党大本营，一般反对特朗普），孩子们在学校不能表达支持特朗普的观点，否则就会被孤立，被歧视。

中国的网络也是如此。每到热点事件出来，骂战必起，情绪化的渲染遍布全网，而理性的探讨却沉没深海。大家都忙着站队，对反方的观点从来都是不屑一顾，最多只当成批判的靶子。

所以，不管是左营还是右营，我们都会震惊于对方之愚蠢。我们打破脑袋也想不通，人怎么能无知、无耻到这种地步。最后，我们往往是将其取关或者拉黑，眼不见为净。

其实，不是对方愚蠢，而是我们把自己困在了"茧房"中。

* * *

那么，怎么才能避免这些 App 让我们越变越"傻"呢？

首先，我们要认识到，我们会因为过度使用这些 App 而变"傻"。如果你觉得"我每天都能在这上面学到很多新的知识，获得很多新的信息，我会因此变成知识渊博的人，会更有智慧"，那我奉劝你还是要节制一点了。

无知和傲慢是阻碍我们获得新知识的最大障碍。我们必须意识到，我们每天看到的信息都是经过重重过滤的，这些信息很可能有其偏颇的一面。

如果你以为自己知道的信息和看到的东西就能代表全世

界，那你常常就会被误导，并且被消费，被当成"韭菜"一样割掉。

你是否有过这样的时候，当一个新的事物或者事件出来后，就会跟风追随，且情绪激昂。然而过几天，就可能被与之相反的东西"打脸"。但等下个新的事物或事件出来的时候，你又重复上次的做法。你不断被意见领袖、营销号牵着鼻子走，他们让你笑你就笑，让你哭你就哭。

如果我们认识到偏颇的选择会使我们变"傻"后，我们就需要做出调整了。

万维钢在《别想说服我！》一文中，介绍了美国技术活动家 Johnson 在《信息食谱》一书中提到的两条核心建议：我们要主动、刻意地消费某些信息，哪怕我们不喜欢；我们要去获取新的信息，而不是去为自己的旧观点寻找支撑。

要做到这两条，其实并不难，但是也很难。不难在于，其非常容易操作。例如，在微博、今日头条上，我们关注李开复的同时，也关注一下胡锡进；关注崔永元的同时，也关注一下司马南；关注布尔费墨的同时，也关注一下李子暘……

如此，当一件事情发生的时候，你基本上总能得到两方面的信息。

很难在于，你常常会很痛苦。因为你总会看到你特别不喜欢的信息，不爽到让你怀疑人生。如果你的内心想着一切都是为了学习、了解信息、增进知识的话，它就不难。如果你纯粹是为了消遣，这样做就会让你觉得很难。

假如你想对这个世界多了解一点，未来做决策的时候能够更稳妥点，生活更舒服一点，那就应该克服困难，坚持做到这两点。

＊＊＊

最后，我为有更高求知需求的人介绍几个非常好的、打败人工智能推荐的方法。这些方法是我的朋友杨滢在微博上总结的（见微博 @ 屠龙的胭脂井）。杨滢是匹兹堡大学博士，知名的脑科学专家，曾在卡内基梅隆大学做博士后研究。

杨滢说，想要打败推荐算法，我们自身必须具备两个要素：一是需要有追求高品质内容的需求；二是需要具有随时获取各个领域知识的能力。据此，她提出了几条比较实用的建议：

1. 有一个叫 StumbleUpon Chrome 的插件，我们可以把它装在电脑上，它会为我们随机选择一些高质量的网站，这些网站能提供很多我们从来没有见过的东西。

2. 我们可以把维基百科设成自己的默认页，并且选择随机浏览模式，这样每次打开浏览器就可以随机弹出一个维基页面。

3. 你可以去 Wolfram Alpha 上面点"给我惊喜"，它会弹出一些有趣的知识。

4. 你可以装一个应用叫"一亿本书"（100 Million Books），它会随机推荐一些书，且直接链接到亚马逊书店。

......

在移动互联网时代，信息就是最重要的资产，获取信息的能力，就是你最重要的能力。如果你只能得到很少的信息，或者很偏颇的信息，你就会慢慢落后于他人。世界很大很美，有很多机会，请不要把自己局限在一口"井"、一个"茧"里面。

从微博、知乎、抖音和今日头条等为人们提供各种各样的信息这方面来说，它们都是很好的发明，手机和人工智能推荐也都是很好的工具。但是，人们生产出来的工具，应该被用于服务人类，而不是奴役人类。请不要变成手机应用的"奴隶"，更不要变成移动互联时代的"傻瓜"。

3 经历

举手向苍穹，
我不屈服

不能变现的才华，
都是"伪才华"

人一辈子最难做到的就是所做之事既是自己喜欢的，又是自己擅长的，还是高薪的。当然，如果所做之事能够满足上面其中一条的人就是幸运儿，能够三条都满足的，可以当成"幸运锦鲤"转发朋友圈了。

扎心的是，绝大多数人做的工作自己既不喜欢，也不擅长，更重要的是还不能拿高薪。

但通过一年多的观察，我发现有三个年轻人的工作完美地满足了上面三个条件，他们脱颖而出，成为人生赢家。他们分别是毛不易、李诞和卢克文。毛不易是唱歌的，李诞是说脱口秀的，卢克文是写公众号文章的。

值得注意的是，他们如今虽然都在各自领域里有了一定的成就，但在没成名之前，他们也是普普通通的人，过着和你我一样的平凡日子，甚至都不知道自己原来在某一方面很厉害。

直到有一天，他们遇到了合适的平台，才华得以发挥出来。他们才发现，"原来我的才华这么值钱！"

世上有无数的人，每天都做着令自己无比厌烦的工作，领着少得可怜的工资，觉得人生无望。可他们却忽视了自己在某一方面有着他人所不及的才华。

如果一个人怀里揣着几块金砖，却穷得吃不起饭，我们会觉得不可思议。而拥有一身才华，却做着与此无关的糟心工作的人，我们却觉得很平常，这不是很奇怪吗？

其实，才华就是你的"金砖"。如果才华不能变现，就一文不值。有才华的你，千万不要做那个怀抱"金砖"却饿死的人。下面我们来看看毛不易、李诞、卢克文的人生逆袭故事。

* * *

毛不易，1994年出生，学习成绩一般，高考从东北老家考到杭州师范大学，后被调剂到护理专业，大四进入杭州一家医院实习——当护士。因为这份实习工作，毛不易每天都会接触到生老病死的事情。起初，这些对毛不易的触动很大，他心里感觉复杂、惊悚，后来渐渐习惯了。

和很多人一样，毛不易并不开心，他觉得自己不擅长护士的工作。苦闷之余，他每晚回到出租屋，就会拿起吉他进行谱曲和弹奏。作为吉他自学新手，他弹得很"烂"，曲子写得也很"烂"，不过他乐在其中，每天写一点，攒着攒着，也就攒成一首首歌了。

毛不易在小小的出租屋里自弹自唱，并录下来传到网上，但没几个人会听。他也发微博，好几年过去，才102个粉丝，其中90%还是微博强塞的"僵尸粉"。直到他参加了《明日之子》的歌唱比赛……

参加比赛那天，他唱了一首名叫《如果有一天我变得很有钱》的歌。害羞的他，喝了二两白酒才敢上台，唱了没几句，由于过度紧张，吉他弦都被他弹断了。不过，他还是得到了评委的肯定。

几期以后，他唱了一首名叫《消愁》的歌。这首歌写了一个内向而害羞的平凡人，背着所有的"梦"与"想"，走进了欢乐场，却只能待在角落，无人记得他的模样。他固执地唱着苦涩的歌，却在喧嚣中被淹没。于是，他只好拿起酒杯，自斟自饮，自言自语。

歌词很平凡，却很有味道。曲子非常简单，却非常优美。这首出自平凡人、为平凡人而写的平凡的歌，唱出了无数人心中无可言说的忧伤和惆怅。

《消愁》成了2017年最流行的歌曲之一，也使得平凡青年毛不易成了2017年最成功的歌坛新人之一，这奠定了他今天在流行音乐圈的地位。

这年，离毛不易毕业才一年。

今天的毛不易，作为《明日之子》冠军，是微博拥有千万粉丝的"大V"，是无数人心中的偶像。而对毛不易来说，他只是"参加了工作"。他的第一首参赛歌曲是《如果有一天我变得很有钱》，现在，这个愿望他已经实现了。

* * *

李诞，1989年出生，小时候过得浑浑噩噩、糊里糊涂，高考连专科都没考上。拼了命复读一年，才最终考进华南农业大学。

大学四年，李诞天天在宿舍睡大觉，看什么都觉得不爽，唯一的爱好就是喝酒，隔三岔五就喝得烂醉如泥。

那时候，每当无聊了、苦闷了，李诞就在豆瓣和微博上写点东西。他常常自说自话，没想到，这种梦呓般的语言反而受到一些文艺青年的喜爱。慢慢地，李诞有了几十万的粉丝，还认识了不少网友，其中有东东枪、红料等一些网络红人。

李诞学的是社会学，这个专业本来就不好找工作，何况所在学校还是一个以农业为招牌的学校。不过，李诞估计也没想过将来会从事有关社会学的工作。

毕业后，网友东东枪介绍他到奥美去做文案，不过他做了一年就走了。另一位网友红料介绍他去《今晚80后脱口秀》做策划，从此，李诞进入了脱口秀这个圈子。

他在这个节目中做幕后人员，就是编一些段子，写一些台词供演员在台上说，这一做就是好几年。节目组也曾想让他上台，但他打死也不去，因为他自认为并不热爱脱口秀，而且恐惧舞台。

但后来，他还是上台了。因为制片人希望给节目带来一些新的变化，硬是把他"端上台"。李诞本来还是不愿上台，无奈那段时间酒局太多，把钱败光了。制片人说上一场给800元，于是李诞就去了。

上台以后，李诞发现观众还是挺喜欢自己的，效果还行，于是慢慢地就喜欢上了舞台。

几年后，李诞策划了《吐槽大会》，节目得到"病毒式"的传播，第一季就以 16 亿次的播放量达到惊人的效果，很多节目片段在网络上屡次刷屏。后来，李诞又策划了《脱口秀大会》和《吐槽大会》第二季。

作为节目常驻选手和表现最出色的演员，他在年轻人圈子里几乎是无人不知。各大娱乐节目都请他去做嘉宾，通告接到手软，和一众顶级流量小生平起平坐，接受粉丝的"尖叫"。

和其他明星不同的是，他不用刻意去营造"人设"。在节目中，他就是他自己，是一个慵懒的、能躺着绝不坐着、能坐着绝不站着、略带点幽默感的"80 后肥宅"。

2019 年，他曾参与网红节目《奇葩说》第六季。他不是去当辩手，而是当导师。和他一同参加的都是成名多年的老前辈，如马东、蔡康永、薛兆丰。此时，李诞在国内脱口秀界，风头无二。

* * *

卢克文，一名"80 后"，出身于湖南邵阳农村。由于家里贫穷，他初中毕业连高中都不敢考，因为知道考上了家里也供不起，就只上了个中专。曾经因为没有生活费，他饿了 3 天才吃上饭。

中专毕业后，卢克文到东莞工厂当了 4 年的流水线工人，又做过塑胶模具学徒。由于实在忍受不了这种生活，他就自学了电脑设计的相关知识，后来成为工厂的企划部经理。

卢克文从小就热爱写作，有一个作家梦，当了工厂经理以后，他白天上班，晚上在集体宿舍埋头写稿。花了整整一年时间，他写了一部武侠小说，发表在《今古传奇·武侠版》杂志上。

后来，由于母亲病重，他花光了打工存下的所有积蓄，还欠下了一屁股债。为了多赚点钱赶紧还债，他辞去工厂的工作，跟着老乡学习开淘宝店，并放弃了写作。

淘宝店开起来以后，生意越做越红火，他还清了债务，买了房，也买了车，在东莞拥有了自己的一方小天地。

由于其生意和外贸形势息息相关，卢克文就开始关注国际问题，结果越研究越深入。

2018 年，他开始在朋友圈里发一些自己的观点，受到朋友圈中好友的热烈追捧。有朋友建议：你何不申请一个公众号，把这些东西发到公众号上呢？

卢克文一想，觉得有道理，就试着把自己写的东西发到公众号"卢克文工作室"上面。由于他以前就有非常好的写作功底，写过武侠小说，于是，他把武侠小说的写法和国际问题研究的心得结合起来，创造了一种令人耳目一新的流派。

3个月后，卢克文写出了一篇刷爆全网、阅读量达千万的文章——《文在寅的复仇》。这篇文章一下子给他的公众号带来了几十万粉丝，也给他带来了巨大的声望。

从那以后，他的文章的阅读量几乎篇篇10万+，又过了4个月，卢克文已经成为拥有百万粉丝的"大V"，他的公众号在各类公众号榜单上名列前茅。

有了影响力以后，广告商纷至沓来，卢克文也做起了会员制的读者社群，短短几个月，公众号收入就达几百万元。他也成为微博、微信以及电视上的红人。

* * *

毛不易、李诞、卢克文等都是普通得不能再普通的人。他们并不聪明，也不帅，既没有显赫的出身，毕业的学校和所学的专业也一般般，但是，他们最终通过自己的努力收获了别样的成功。他们，就是你和我。

他们并不是我们常说的那种"头悬梁，锥刺股，每天只睡5个小时的'奋斗者'"，相反，他们有时候给我们的感觉可能是"不务正业"。他们之所以能够成功，是因为他们为自己某一方面的才华找到了合适的出口。

其实，我们每个人都有自己的独特性，都有某方面的才华。很多时候，只是我们自己不知道，或者没有去运用、去发挥而已。

如果毛不易不报名参加《明日之子》比赛，他今天可能还是一个小护士，每天过得很不开心，只能晚上回到出租屋里，写写曲，弹弹吉他，才能消愁。

如果李诞不被"踹上舞台"，他今天可能还是一个节目策划和编剧，每天过得很郁闷，只能回到家呼朋唤友，喝得酩酊大醉，把少得可怜的工资都挥霍光。

如果卢克文没有写公众号文章，他今天可能还只是一个淘宝店的小老板，每天过得非常辛苦，要实现年入百万的梦想，那是遥不可及的事情。

而现在，他们都过上了自己想要的生活。这一切，就是他们把自己内在的才华拿到市场上"变现"的结果。

很多人抱怨怀才不遇，其实自己既没有思考过，也没有钻研过如何展现自己的才华并让别人知道。所以，空有一身才华，却不能给自己带来任何收益，这里的收益指金钱、地位、名声、幸福感等，不单单指钱。

才华，一定是能对自己、对他人有益的东西，否则何以称为"才华"。这个东西一定能产生效用，并且能体现市场价值。

不能变现的才华，都是"伪才华"，一文不值。能够拿到市场上变现，才是对才华最大的认可，也是最大的尊重。所以，普通人的逆袭，说起来很难，实际上又很简单。

时代的进步给了每一个人展示的舞台，在微博、微信、快手、抖音上，每天都有无数的普通人一夜成名，一夜暴富。

那些能够沉下心来挖掘自己的才华，正视它、打磨它、变现它的人，才能获得市场的认可，得到"铁杆粉丝"，才能有长久发展的基础。如此，他们的才华才能持续增值，成功才不会是昙花一现。

* * *

我们不要觉得做到这样很难。凯文·凯利有一个经典理论：只要有一千个"铁杆粉丝"，一个人就可以无忧无虑地养活自己。所以你并不需要成为超级"大V"，只要能找到适合自己的小众圈子就行。当然，前提是你要弄明白三件事。

第一，什么样的才华才是市场需要的?

前面说过，不能得到市场认可的才华，都是"伪才华"；能得到市场认可的才华，一定是适合今天的社会需要的。好比你会爬树，在原始社会采摘时代，爬树就是你的才华。你会种田，在农业社会种植时代，种田就是你的才华。但在今天，爬树、种田就成了"伪才华"。

今天的才华，一定要适合现代工商业社会中企业和个人的需求，只有这样的才华才能拿到市场上变现。例如，唱歌能引起人们心中的共鸣，说脱口秀能舒缓人们心中的压力，写公众号文章能给人们提供信息、心灵鸡汤或者干货，帮助企业营销，等等。这些才华就很容易变现。

想要找到市场的需求，有两个方法可以实行。第一个方法是看别人是怎么成功的。比如说，我们现在就知道唱歌、说脱口秀、写公众号文章等是有市场需求的。市场和网络上还有许许多多其他方面成功的案例。如果你有某方面的才华，而别人在这个方面成功了，那就说明你也有机会。前提是你真的有才华。第二个方法是你所需要的可能也正是市场需要的。毛不易，就是晚上回到家觉得苦闷，所以弹吉他、写歌；李诞，也是因为无聊，就在网上写东西抒发情绪；卢克文，最开始是希望能通过网络多卖点明信片。

除了他们，还有程维，因为去北京出差老打不到车，于是创建了滴滴；马云，因为阿里巴巴数据量太大，买不起 IBM 的服务，于是开发了阿里云。这些个体的需求，往往也是大众的需求。换句话说，你的痛点就是"风口"，把自己的内部需求外部化，你可能就成功了。

第二，如何培养自己的才华？

首先，这个才华必须是你喜欢的，你能够为之废寝忘食且乐在其中的。这样你才能具有持久的动力，并且不用人监督，自己就能够不断地在上面花工夫。

其次，你要学会培养才华的技巧。自学也可以成才，但是会花费更多的时间，而且可能会走很多弯路。最好的办法就是找个好机构或者好导师，交钱学，或者自己混迹于该领域内的"牛人"之中，向他们学习。有专业人士指点，你的才华才能一日千里，飞速进步。

毛不易可以通过自学到的能力加上天赋一战成名，但是他的才华最终是通过节目组老师的指导，以及在成名后歌手李健用整整一年时间手把手地教导他，才真正发挥出来。

李诞做脱口秀，曾专程到美国各大脱口秀场去观摩学习。

卢克文经常花费大量的钱购买各种书籍、资料，花大量时间深入研究。

最后，你还需要一些耐心。除非天纵奇才，否则，某项才华要达到顶尖领域，至少需要 10000 个小时的刻苦训练。好在你并不需要做到顶尖，也许 1000 个小时，你就可以小有成就。

但最怕的是，你做到 100 个小时、500 个小时就放弃了。

你要相信坚持的力量。每天进步 1%，坚持一年，你的才华就进步了 38 倍（1.01 的 365 次方）。

第三，如何展现自己的才华？

前面说过，不能变现的才华，一文不值。有才华而不去变现，既是对才华的不尊重，也是对自己的不负责。

现代社会，可以给自己展示才华的机会太多了。你可以经常在家里或者公司表现出自己的才华，如做 PPT、做 Excel、打羽毛球、炒菜、品茶、品红酒等。电视台和网络节目上有无数的比赛，你也可以去报名参加。只有你想不到的才华，没有找不到的比赛。

更重要的是，现在移动互联网、社会化商务、娱乐至上时代到来了，你可以有无数的接口链接自己的才华。注册一个账号，发出第一条内容，用心地打磨你的才华，好好地呈现，不急不躁地等待，你的个人品牌就会慢慢增值。

到了某一个临界点，无数的资源和机会就会向你扑来。等你到了那个层次，你就会发现，才华在手，人生到处是机遇。

从现在起，好好琢磨一下这三个问题吧。静下心来，找到自己的才华，培养它，给它找一个变现的出口。昨天，平凡的毛不易、李诞、卢克文，就是你我；明天，平凡的我们，就是如今成名了的毛不易、李诞、卢克文。

生命不停歇，
就不能停止奋斗的脚步

本文讲的是一个寒门学子奋斗的故事。故事主角叫李明勇。

李明勇出身极度贫寒，初中毕业就外出打工，做过泥水工，养过鸭子，种过烟叶，做过的最"轻松"、最"体面"的工作是当保安。

后来，他以初中学历参加成人高考，考上专科，再接着考本科，又三次考研，再考博士，40多岁时，他终于成为一名博士，并得以到大学教书。

他虽是寒门子弟，却不是状元，也没有莫名其妙地死去，因此他的故事不是一个容易被传播的媒体选题。但这样的普通人的奋斗故事，难道不值得我们关注，不值得我们欣赏，不值得我们效仿吗？

1977年，李明勇出生在贵州湄潭县一个小山村，这个村子一直到2019年还没有通公路。由此可知，这个村子该有多偏僻。对农村贫苦百姓而言，最大的灾难，除了死亡之外，是突如其来的疾病。一人重病，全家赤贫。

李明勇的家庭就连遭这样的厄运。先是爷爷一病多年，耗尽了这个家本就不多的"财产"，全家借债度日，爷爷病故后，妈妈又突然中风瘫痪。

屋漏偏逢连夜雨，这句话说起来只有7个字，摊上了却重逾千斤。那段时间，李明勇连吃顿饱饭、买件新衣都成了奢望。李家的债台越筑越高，却还是没能挽救妈妈的生命。

初中毕业时，李明勇家里除了一屁股债，就只剩四堵墙壁。那一年，李明勇16岁，他踏上了打工的路。一个在贫寒中长大的孩子，身材瘦弱，见识浅陋，性格胆怯，出来打工，又能找到什么好的工作呢？

李明勇的第一份工作，是在贵阳钢厂拉沙子。这是一个特别累的工作。而李明勇因为在长身体的时候就没吃过几顿饱饭，身体非常不好，根本不是做这个的料，几个月后，就累倒了。幸好他年轻，没有像爷爷和妈妈那样一病不起。

此后，李明勇又做过农场看管员、建筑工地泥水工等工作，也回老家帮爸爸搞过副业，养鸭子、种烤烟，慢慢地还着对他的家庭而言如山般的债务。

22岁那年，当同龄人大学毕业离开校园时，李明勇终于进了大学——不是做大学生，而是做门卫。成为贵州教育学院的保安，已经是李明勇能找到的最体面、工资最高、最稳定的工作了。

但对李明勇而言，这份工作最大的意义，不是提升他的身份和给他糊口及还债的钱，而是给他打开了人生的另一扇窗。

白天，李明勇一边站岗，一边看着校园里的大学生来来往往，晚上，他躺在集体宿舍思索自己的人生。当保安的第5天，李明勇下定决心：即使做农民工，也要做一个有知识的农民工。从此，他一边当保安，一边抓紧一切机会学习。

24岁那年，初中毕业生李明勇决定考大学。他报了成人高考。对16岁就辍学，完全没受过高中教育的李明勇而言，就算是成人高考，也是一件无比艰难的事。

他一边打工，一边苦学，终于考上了贵州教育学院的专科班。2年后，他又考上本科班，成为贵州教育学院中文系本科学生。

28 岁，李明勇拥有了大学本科文凭，终于可以去找一些别的工作了。他理想中的工作，是大学老师。但是，成人教育的本科学历，还不够当大学老师的条件。

食髓知味的李明勇，已经不满足于本科文凭，他又做出决定：我要考研！

对李明勇而言，考研路上最大的"拦路虎"是英语。他的英语只有初中水平，要达到考研的水平，何其之难。但李明勇没有退缩。他一边工作，一边抓住一切空闲时间学习，每天只睡五六个小时。

2005 年和 2006 年，李明勇考了两次，都没能过考研分数线。周围不断有人劝他，说："放弃算了，你能走到现在，已经很厉害了。"李明勇说："我还是要试试！"

2007 年，李明勇终于以笔试第一名的成绩考上贵州大学美学专业。

2010 年，李明勇 33 岁，硕士毕业。从初中毕业到硕士毕业，正常需要的时间可能是 10 年，而李明勇用了 17 年。

* * *

硕士毕业的李明勇，面临着继续读博和先就业两个选择。

因为家里的情况无法支持李明勇继续全脱产去读博士，他选择了先工作。

拥有贵州唯一一所 211 学校硕士文凭的李明勇，在贵州找一个更好的工作，已经不是什么难事。但是，为了回馈贵州教育学院（2009 年已更名为贵州师范学院），李明勇回到该校，成为一名辅导员。

当了辅导员的李明勇，与同学们打成一片，大家都叫他"勇哥"。他的事迹在学校已经是一个传奇。他也经常鼓励大家，任何时候都要坚持读书和学习。

对那些有考研意向的同学，李明勇会以自身的例子鼓励他们努力实现梦想。他说："我还准备考博呢。"同学们一片哄笑。

2014 年，李明勇 37 岁。他再次踏上征程，一边照顾年迈的父亲，一边做着辅导员的工作，一边考博。这种艰苦的日子，对李明勇而言，他早已经习惯了。

38 岁时，李明勇考上了华中师范大学传播学博士，并且只用 3 年时间，就顺利毕业。

41 岁这年，博士毕业的李明勇回到贵州师范学院，终于如愿以偿地成为一名大学老师。

与朋友圈经常出现的俞敏洪、马云等励志的例子相比，李明勇实在是太普通了。即使他从贫困的泥潭中挣扎出来，拼尽全力担任了大学讲师一职，从社会功利的角度而言，李明勇也不算是成功人士。

但是，与他的原生家庭相比，与他自己相比，与和他同样境遇的千千万万寒门子弟相比，李明勇的奋斗历程，以及最终实现梦想的这一结果，何尝不是一次巨大的成功、一次完美的逆袭呢？他怎么不能称为是一个成功人士呢？

他的故事让我想起《平凡的世界》里面的孙少平，今天的年轻人可能很少会读这本书了，我强烈建议年轻人读一读。

孙少平从田地里走出来，奋斗半生，成为一名煤矿工人，失去了青梅竹马的高干子弟大学生女友，娶了工友的遗孀……从世俗的角度看，孙少平怎么都算不上成功人士。但是，他脱离了命运给他的沉重苦难，得到了他想要的平凡生活，从这个意义上讲，他就是一个成功者。

我们每一个人都会被孙少平深深打动，因为他的身上有我们每一个人的影子。我们都是普通人，我们出身寒门且不是天赋异禀。我们考不上状元，我们没有经商的天赋，我们没有被贵人相中。我们唯一能凭借的，就是自己的双手，就是自己永不服输的拼搏精神。

李明勇没有一夜暴富，也没有一步登天。从拉沙子，到看农场、当泥水工、养鸭子、种烟叶、当保安，到考专科、考本科、考硕士、考博士，再到当大学老师……他一步一个脚印，走得无比艰辛，又无比踏实。

李明勇说，他最喜欢的一句话是"举手向苍穹"。他说："我并不是说要去把天上的星星摘下来，我只不过是每天要保持一种向上的心态，每天都要学点东西。这句话一直在砥砺着我。"

"举手向苍穹"，说得多好。命运并没有给我们一个优越的出身，也没有给我们一条"锦鲤"附身。相反，我们常常历尽磨难。我们举手向天，不是控诉，不是祈求，而是告诉上苍："我不屈服！"

不管是李明勇，还是孙少平，还是千千万万个你我，也许我们像蜗牛一样，出身很低，走得很慢，身上还背着重重的壳，但我们在一步一步地往上爬，等待阳光静静照着我们的脸，任风吹干流过的泪和汗，总有一日，我们会拥有属于自己的天空。

向每一个平凡的奋斗者致敬！

命运不会亏待在苦难与
希望中拼搏的每个人

　　在浙江与福建交界的仙霞岭上，有一个遂昌县，隶属于浙江丽水市。郑烨，就出生在这里。作为一名"00后"，小时候的郑烨过得无忧无虑，爸爸是县城国税局的公务员，妈妈是乡镇卫生院的检验员，虽算不上大富，却也是小康之家。

　　但幸福的生活在郑烨9岁那年戛然而止。郑烨的爸爸突发脑动脉瘤破裂，成为植物人。病情持续了9个月，就像无底洞一样，家中所有的积蓄都被花光，给妻儿留下一座高筑的债台。

郑烨的爸爸去世以后，郑烨与妈妈相依为命，其间有很多艰辛。日子慢慢地过，债务慢慢地还，孩子慢慢地长大，妈妈慢慢地变老。

幼年失怙的郑烨，没有变成问题少年。相反，生活的艰辛让郑烨早早懂事。学习上，他自立自强，从来不用妈妈操心。小学到初中，学习成绩一直名列前茅。初中毕业，以第一名的成绩被保送到遂昌中学。

上高中后，郑烨一直担任班上的学习委员。他总是乐于给同学们讲解习题，以至于到后来同学们上了大学遇到不懂的数学问题，还是习惯性地请教他。他的物理和化学也学得很好，多次参加竞赛，并拿到国家级和省级的大奖。

难能可贵的是，郑烨并不是一门心思埋头书本的书呆子，他的兴趣爱好非常广泛。跑步，他是班上接力赛的主力队员；羽毛球，他全班无敌；玩魔方，他能 13 秒快速还原；折纸，他可以折出千种物件，惟妙惟肖；引体向上，他一口气可以做 29 个……

在生活上，郑烨对妈妈照顾有加。他早早就规划好，以后上大学，不选清华北大，就去心仪的浙江大学，这样也好就近照顾妈妈。

当别的孩子计划着高考之后去哪里旅游、怎样疯狂放松时，郑烨已经安排好了这个终于可以自由支配的超长暑假：他要去做家教，赚钱补贴家用。

* * *

2018年5月底的高考前体检，郑烨并没检查出问题，但是在高考前几天，症状开始出现，当时大家都以为是贫血。在卫生院血液检验科工作的妈妈，凭着职业的敏感性，很是担心，带着郑烨验了血。结果显示：淋巴分类很高，血色素很低。情况很不乐观！但是高考在即，再大的担心也只能在心里埋着。

郑烨拖着病体参加了高考。高考完以后，妈妈带着郑烨去杭州参加复旦大学和上海交通大学的"三位一体"考试，两场考完，心急如焚的妈妈带着郑烨到浙江大学医学院附属第一医院检查。结果如晴天霹雳：急性淋巴细胞白血病！

2018年7月23日，高考结果揭晓。郑烨取得了694的高分，成为浙江省丽水市高考状元。他的"三位一体"考试的成绩，也都远超复旦大学和上海交通大学的录取线。北京大学也向他抛出了橄榄枝，希望他能入学北京大学医学部。最终，郑烨选择了浙江大学竺可桢学院（浙江大学最"牛"的尖子学院）。

然而此时，难以想象这位9年前痛失丈夫的女人，在得知相依为命的儿子又罹患这么凶险的重病时，是怎样一种绝望的心情。但是，郑烨的妈妈没有时间去体味痛苦。

　　病情不等人，此时摆在她面前的是两座大山：100万元左右的治疗费和适合的骨髓配型。

　　我们无从得知，9年前郑烨爸爸重病期间的欠债是否已经还清。但是，很容易就可以估算，在一个小县城里，一位乡镇卫生院检验科工作人员，又能存下多少积蓄。

　　那段时间，无助的郑妈妈频繁地往返于杭州和丽水之间，想尽一切办法，也才凑齐8万元。对于100万元左右的治疗费而言，无异于杯水车薪。为了省钱，她在医院旁边租了一间位于一栋楼梯楼6楼的房子。当郑烨每次化疗结束回"家"休养时，6层的楼高成了这个被化疗耗尽力气的孩子的"珠穆朗玛峰"。如果能走，郑烨就自己走，爬几步，歇一歇；如果不能走，妈妈就背着！

　　小时候，我们喜欢妈妈背的感觉。长大了，我们越来越重，妈妈的腰越来越弯，她再也背不动我们了。郑烨的身高是1.75米，被病魔折磨得日渐消瘦的他，也还有95斤。6层楼，100多级台阶，一步一挪。妈妈背的，不是这95斤，而是她的整个世界。

＊＊＊

命运的奇迹开始显露威力，社会的温情包围了这对苦命的母子。郑烨爸爸原所在单位同事听说了消息，立刻组织了捐款，几天之内，筹款5万多元。后来，郑烨爸爸原单位的同事金光军先生在网上发起捐款倡议，他大概也没有想到，这份倡议书会在丽水全城"刷屏"。仅用了短短3个小时的时间，设定的80万元筹款目标就已经完成！

此前治疗已经花去8万多元，这个艰苦度日的小家庭已经濒临绝境。现在80多万元社会捐助金到位，加上政府民政补贴和浙江大学的资助，郑烨的妈妈终于不用再为治疗费用发愁了。

当筹款金额超过治疗所需时，备尝艰辛的郑妈妈将多余的钱，悉数捐给了其他白血病患者。但是，另一个横亘在面前的难题是骨髓配型。郑烨的病情反反复复。经过化疗，郑烨的病情有所好转，一度以为可以不需要骨髓移植了。但是很快，病情恶化了，必须通过骨髓移植才能根治。

寻找合适的骨髓配型，何其之难。一般情况下需要等待半年到一年的时间才能配型成功。但幸运的是，郑烨在中华骨髓库登记之后三周左右，就传来了初配成功的好消息。

捐献者是一位来自河南郑州的33岁姐姐。当时，我多方查找，都没能知道她的姓名，暂且称她为"天使姐姐"。后来，有网友联系我，告诉了我捐献者的名字。

捐献者名叫张莉，是河南省第 698 例造血干细胞捐献者。巧的是，"天使姐姐"是我随手取的名字，而在写给张莉的感谢信中，郑烨也称她为"亲爱的天使姐姐"。

2018 年 11 月 7 日下午 1 点 24 分，被称为"生命种子"的造血干细胞，从"天使姐姐"体内抽出，被严密保护，送往杭州。11 月 8 日上午 9 点 32 分到 10 点 02 分，"天使姐姐"的造血干细胞被输入郑烨体内。曾经一度被"死神镰刀"盯上的郑烨，从此获得了重生。

* * *

当造血干细胞从郑州"飞"向杭州时，随之一起来的还有"天使姐姐"的录音："祝你早日康复，早日回到校园，健健康康生活，快快乐乐学习。"

当郑烨在无菌舱接受治疗时，他床头放的是《线性代数》《微积分》和《大学物理》。

当得到医院医生和护士的细心照顾，渐渐康复时，郑烨偷偷用自己最拿手的手艺折出美丽的骏马和金鸡送给医生和护士。

当郑烨无法准时到浙江大学报到时，学校专门为其量身制定了课程，浙江大学竺可桢学院的老师和学长多次到医院陪他聊天，并于金秋十月——浙大最美的时节专程接他去游览校园，到教学楼和寝室实地体验大学生活。

当骨髓移植完毕，郑烨可以重新坐起时，他专门写了一幅字，托人带给"天使姐姐"。这幅字写的是四个字：恩同再造！

当受到社会各界的关心和帮助时，郑烨妈妈真诚感恩。她说："感谢大家的关心与厚爱，纵使病魔的折磨无限痛苦，纵使康复的路上荆棘满布，郑烨一定会如礁石一般坚强，一定会早日康复……感激之情无言表达，只愿真情感动苍天，眷顾我家可怜的娃！相信儿子顽强的意志力能战胜治疗中的一道道难关，恢复健康，感恩社会，谢谢！"

命运有时会捉弄我们，给我们降下各种苦难。这个世界，有时候也会让人很无奈，坏人和坏事时常会出现在我们的生活中。我们会痛苦，会彷徨，会焦虑。我们会咒骂，会抱怨，会痛恨。

但是我们也不要忘记，命运也会眷顾我们，给我们送上各种祝福。这个世界，有时候又是如此可爱。我们也常常会被温情包围，那些美好的人和事，常常给我们的生活带来幸福和感动。

我们愿意认清生活的真相，不回避痛苦的一面。但同时，我们更愿意乐观地对待生活。因为在真实的生活中，我们看到并体会到了人性之美。

　　我们崇尚奋斗的精神，讴歌遭遇苦难者的坚强与自助。我们追求善良的意义，赞美人与人之间的温情与互助。希望我们的生命中出现更多的美好！愿这个世界真实的美好能感动你！

面对苦难不低头者，
就是生活的"巨人"

　　他是一个出身于穷山沟的苦命孩子，上了一个不知名的大学，也没有什么特别了不起的人生成就。但我认为，他是一位生活的"巨人"。我们能从他身上吸取的精神力量并不比从马云等成功人士那里吸取的少。

　　如果你曾哀叹生活不幸，不妨看一看他的故事，你会觉得自己所受的那一点苦难，完全不算什么。如果你觉得生活幸福，也不妨看一看他的故事，你会更加珍惜现在。

　　在贵州省黔西南州望谟县的大山深处，有一个名叫弄林的小村子，这里交通极不发达，村民们祖祖辈辈靠着在土里刨食，去山上采药，艰难地维持着生活。我们的主人公刘秀祥，就出生在这里。

作为家里最小的孩子，刘秀祥一出生就被爸爸妈妈、哥哥姐姐疼爱着，生活无忧无虑。爸爸会把他抱在怀里，逗他开心，许多年以后，刘秀祥还能清晰记得爸爸身上的农村卷烟味道。

幸福的生活在刘秀祥4岁的时候戛然而止。那一年，刘秀祥的爸爸突然开始严重腹泻，病情是如此凶险，当村民们把他拉到县城医院时，他已经说不出话，然后很快就去世了。由于受到了这个巨大的刺激，刘秀祥的妈妈开始变得精神失常，有时沉默不语，有时又大喊大叫，甚至还会拿石头砸邻居家的屋顶。此时，4岁的刘秀祥还不知道，他们家的"天"已经塌下来了。

好在哥哥姐姐还能帮家里干点活，于是，刘秀祥到了7岁时，还可以去上学。姐姐告诉他，无论如何，一定要好好读书。年幼的刘秀祥乖巧地点着头，把姐姐的话记在心里。在小学，他每次考试都是全班第一。

* * *

如果能够一直这样下去，刘秀祥也还能和正常孩子一样，顺利地成长、上学。但是，生活对待刘秀祥的"狰狞"，只不过是刚刚露出了它的獠牙而已。小学四年级时，弄林村遭遇了一场大冰雹，庄稼全都被打坏了，艰难维持生活的疯妈妈和三个孩子，连饭都吃不上了。

没有办法，年仅17岁的姐姐只好早早嫁人。而14岁的哥哥则把家里最后的财产——一头耕牛，卖掉了，然后拿着所有的钱逃离了这个不幸的家。哥哥的行为如同最后一根稻草，把苦苦支撑的妈妈彻底压垮。妈妈哭了几个星期，嘴里不停地念叨着"四百七十八块六"，然后，失去了最后一丝神志，完完全全地疯了。

失去神志的妈妈，也失去了照顾自己和孩子的能力。这个一再被亲人离去的恐惧淹没的可怜女人，每到天黑就大声呼喊着"刘秀祥"，生怕这个最后的亲人也从自己的生命中消失。而刘秀祥此时才11岁，身材矮小的他连家里的灶台都够不着，需要站在树墩上才能煮饭做菜。靠着村民们你一把米、我一碗粥的施舍，母子俩撑过了荒年。次年春，刘秀祥把家里的3亩地租给了别人，换取一年500斤的谷子，加上镇上资助的一些粮食，勉强能熬过一年。

但身上的衣服和锅里的油盐总归还要用钱买。于是，刘秀祥就自己学着种菜，周末跟着村里的叔叔伯伯到镇上去摆摊，卖小葱和大蒜，换取油盐。别的孩子放了学就快乐地玩耍，而刘秀祥每天冲出学校，跑到家里看一眼母亲，然后就要去种菜，种完菜回到家里做好饭、伺候妈妈吃完才能复习功课。

放假时，刘秀祥会跟着大人到山上去采草药。贵州的大山里到处都是蛇虫鼠蚁，有一次，刘秀祥在采药的时候被蛇咬了手，同去的叔叔把他背回家时，他的手背已经肿得老高，颜色也成了黑紫色，12岁的刘秀祥疼得直哭。平时总是一副呆呆傻傻样子的妈妈，看到刘秀祥的手，"啊、啊"地叫着，一口咬下去——她是希望能够帮孩子把蛇毒吸出来。虽然疾病已经让妈妈无法完成"吸出毒液"的动作，但是母爱的本能依然还在。幸好，虽然那种蛇的毒液让刘秀祥备受折磨，却并不致命，刘秀祥活了下来。

* * *

13岁时，在全县小学统考中，刘秀祥获得了县第三名的好成绩，被县城名校望谟二中录取。对刘秀祥来说，能考上县里的中学，这是一个天大的好事，但也是一个天大的难题——如果他去县城上学，那生活不能自理的母亲怎么办？思来想去，刘秀祥做了一个惊人的决定——他要带着妈妈去上学。

村里人都摇头叹息，如果说在村子里，有粮食，能自己种菜，还能活下命来。若是到了城里，又要上学，又要养家，对于一个 13 岁的孩子来说，他稚嫩的双肩能挑得起这副担子吗？

刘秀祥带着妈妈来到爸爸的坟前，他问长眠于土里的爸爸：爸爸，你能保佑我吗？我一定要给妈妈一个家。他在爸爸的坟前磕头发誓：我一定要让妈妈过上好日子！然后，他背起家里的锅碗瓢勺，牵起妈妈的手，走路 5 个小时来到了县城。

到了学校后，刘秀祥发现，凭自己卖菜和采药攒的钱连买书本都不够。后来，他听说二中附近有一家新开的"乾坤文武学校"免费招收尖子生，就去报了名。乾坤文武学校要求，在摸底考试中获得前 10 名的学生就可以免费入学，而刘秀祥考了第一名。

学费问题解决了，但是住宿费、生活费还得自己挣。而妈妈的情况显然不能住学校的宿舍，所以刘秀祥在城外的山坡上搭了个草棚，在棚前的土里挖个坑，架上锅当厨房，就这样住了下来——贵州多雨水，也多蚊虫，这样的住宿环境如何，我们尽可想象。

刘秀祥有着很多穷苦孩子都会有的敏感心理，他不想让老师和同学知道自己家里的状况，所以他一切都靠自己，不愿向他人求助。每天，他在学校里正常上课，晚上也正常复习，等到晚上 11 点多，照顾妈妈睡下了，天也黑透了，就出来到大街上捡破烂。

可想而知，等刘秀祥出来的时候，街上值钱的破烂早已经被别人捡走了，而半夜的天色太黑，破烂也不易看到，所以他常常要捡到凌晨两三点。有时候"行情"不好，要捡到凌晨五六点。捡完破烂后，他回家看一眼妈妈，用凉水抹一把脸，就又要去上学。

他们吃得最多的东西就是开水泡米饭，有时到菜市场捡一些别人丢掉的菜叶子，白水煮一煮也就吃了。正在长身体的刘秀祥瘦得吓人，没过多久，就病倒在床上了。他在床上躺了几天，听到妈妈喊饿，就挣扎着起来给妈妈弄吃的，找遍整个窝棚，只找到一碗剩白菜。他把白菜热了，端给妈妈吃，却突然眼前一黑，一头栽倒在地上。等刘秀祥爬起来时，他顾不得自己的疼痛，赶紧把泥地上的白菜叶子捡起来，用水冲洗干净，重新热了给妈妈吃。看着妈妈一边笑一边大口大口地吃着白菜，刘秀祥的眼泪哗哗地流了下来。他在日记里写道：刘秀祥，你不是人，连妈妈都照顾不好。

在如此艰难的情况下，刘秀祥中考仍考出了非常好的成绩，上了全省的重点高中——安龙一中。为了攒高中的学费，中考后的那个暑假，刘秀祥委托他人帮忙照顾妈妈，自己跟着同乡到乌江去修水电站。

修水电站的工作非常辛苦，要在 7、8 月份的太阳炙烤之下抬钢筋、挑砂石、担水泥，就算是一个壮劳力也吃不消。而瘦弱的刘秀祥为了尽快攒钱，给自己安排每天上两个工，时间长达 18 个小时。由于实在是太累了，有一次，他一头栽倒在水泥搅拌机里，幸好工友手快把他拉住，不然就被搅进去了。还有一次，他居然在脚手架上睡着了，从悬崖上摔了下来，还好被安全网接住，否则早已粉身碎骨。

若干年后回忆时，刘秀祥说，掉落的瞬间，他大喊了一声"娘"！临死之时，他心里唯一的记挂就是自己的母亲。看着脚下的万丈深渊，刘秀祥心有余悸，如果自己死了，母亲怎么办？从那以后，要是实在太困了，他就用力掐自己的眼皮，让自己清醒。

* * *

2004 年 9 月，刘秀祥带着妈妈来到安龙县上高中。怀揣着暑假修水电站挣来的 1300 元钱，母子俩的住宿条件比在望谟好了很多，终于住进了砖头砌的房子里——那是一户农民废弃的猪圈，年租金 200 元。

除了赚钱糊口以外，刘秀祥心里还藏着一个很大的梦想——他希望能把母亲的病治好。所以到了安龙后不久，他就带着妈妈去精神病院看病。可是，医生告诉他的只有"无能为力"四个字。

高中时，刘秀祥依然要靠捡破烂为生。当时的街头治安不好，刘秀祥又总是半夜三更出来捡破烂，常常被街头的小混混勒索。长期营养不良的刘秀祥，哪里是那些"古惑仔"的对手，于是经常被打得浑身是伤，留下满身的疤痕。

但在如此条件之下，他还资助了 3 个比自己还小的孩子——都是他捡破烂时认识的，每个孩子都有着令人心酸的过往。刘秀祥鼓励着这两个妹妹和一个弟弟，每个月给他们十几二十元钱。他们相约，一定要考上大学。

高三上学期，刘秀祥趁着寒假的时候打小工，想攒一点钱，好迎接高考前的冲刺。可是，好不容易攒够几百元钱，妈妈却生病了，而且在医院住了十几天才出来。刘秀祥攒的钱全部花光不说，还找老师借了 800 元。眼看除夕将至，刘秀祥家里连一点年货都没有，口袋里也没有几个钱，一筹莫展之际，他想起老家的田租出去了，现在不再收 500 斤的谷子，换成年租金 400 元了，还没有去取呢。

于是，刘秀祥决定回村一趟，取钱。但如何回去，又是一个难题。从安龙到望谟，坐大巴车要11元钱，刘秀祥连车票都买不起。看着家里的光景，听着外面的鞭炮声，刘秀祥咬咬牙找同学借了一辆自行车，准备自己骑回去。

从安龙到弄林村是130公里，几乎全是盘山公路，难度可想而知。刘秀祥骑了一天一夜，才远远望到家里的村子。但就在这时，由于车子被刘秀祥在崎岖的山路上骑了很长时间，刹车片都磨损了，导致刹车不灵，刘秀祥被狠狠地摔倒在地，半天都爬不起来。他在地上躺了很久，才挣扎着回了家。到家时，他觉得浑身都快散架了，但是想起妈妈还孤零零地在安龙等着他，便强撑着到邻居家里取了租金，修好了自行车，又忍着伤痛骑回安龙。

三天两夜的时间，大大超出了刘秀祥原先的预计。所以等他回到家时，看到的是已经饿了整整3天的母亲。他抱着母亲嚎啕大哭，心里恨自己：在父亲坟前发誓已经6年，为什么还是不能给母亲一个好日子！

那一天的眼泪深深地留在刘秀祥的心中，成为他永远的痛。

转眼，高考快到了。这么多年的苦熬，刘秀祥早已瘦成了一根"竹竿"，1.69米的个子，体重才80斤。但是，他的成绩名列前茅。老师、同学，以及他自己，一致看好"刘秀祥"，觉得"刘秀祥"肯定能考个好大学。6年的"炼狱"，终于要画上一个句号。

但是，生活却偏偏还是不想让刘秀祥好过。在高考前一周，由于长期营养不良、操劳过度，刘秀祥病倒了。他拖着昏昏沉沉的脑袋参加了高考，却发挥失常，最后放榜时，他离本科线差了6分，没被录取。

得到消息的那一刻，刘秀祥觉得生活突然失去了所有的意义。当他经历了那么多痛苦，咬着牙战胜了那么多磨难，付出了那么多血和泪，只是期盼着生活能回馈他一个微笑时，生活却狠狠地给了他一个耳光。

刘秀祥绝望了。他放弃了挣扎，决定彻底结束自己苦难的一生。最后的时刻，他翻看着自己的日记本，回顾自己短暂的、充满了心酸的19年生命历程，突然，他看到自己曾经抄在日记本上的一句话：当你抱怨没有鞋穿时，回头一看，发现别人竟然没有脚。这句话如同闪电一般，在刘秀祥的脑海里劈出了一道光。他想起自己捡破烂时遇到的一些孤儿，与他们相比，自己的生活虽然困苦，但还有妈妈，而那些孤儿甚至连父母都没有。有妈妈，他就有期盼，就有精神动力。他曾经发誓要让妈妈过上好日子，不能就这样放弃！

刘秀祥振作了精神，准备重新迎接高考，可是，他找了四五家学校，都没有人愿意接收他，毕竟复读班不是慈善班，收费都很高，远远超出刘秀祥的能力。最后，他找到一所民办学校的校长求情，希望校方能留下自己。找了四次，对方都没有同意，第五次，快要绝望的刘秀祥扑通一声跪在校长面前，讲述了自己和母亲的故事。校长被感动了，终于答应免费招收他复读。

尽管如此，刘秀祥还是要靠打工来挣自己和母亲的生活费。在复习最紧张的时候，他还每晚到一家洗浴城去打工。

高考前一天，刘秀祥再次病倒，他发着高烧，无力地躺在床上，眼看着高考又要泡汤。半夜里，迷迷糊糊的刘秀祥感到有人在摸他的额头，他努力睁开眼睛，看到母亲在用毛巾帮他敷额头。他一个激灵醒过来，发现母亲的手掌已经被热水烫伤。他喊了一声"娘"，抱着母亲，泪如雨下。

也许是上天被这沉沉的母爱所感动，也许是刘父的在天之灵保佑，第二天，刘秀祥烧退了一些，他拖着病体走进了考场。最后放榜时，刘秀祥以 504 分的成绩考上了临沂师范大学（现临沂大学），成为弄林村有史以来第一个大学生。

收到录取通知书后，刘秀祥抱着母亲痛哭了一场，而母亲则咧着嘴笑了。

* * *

为了攒够上大学的学费，刘秀祥在暑假里依然选择去打工。不知怎么，他的情况突然被媒体知道了，当地媒体在一个铁矿车间找到了挥汗如雨的刘秀祥。此后，关于他的报道轰动了全城，人们纷纷给他捐款，短短十几天，就筹集了 15230 元。

刘秀祥既感激又尴尬，从内心里，其实他并不希望自己的情况被太多人知道，他害怕别人异样的眼光。但他也并没有完全拒绝人们的善意，因为他心里想着，到了临沂，还要带妈妈去治病。

离开黔西南州的那一天，几十位市民闻讯前来相送，他们都想看一看这位传奇孝子是怎样的。

经过 60 多个小时的奔波，转了几次火车，刘秀祥和妈妈终于到了山东临沂。而临沂当地的媒体，也闻讯前来采访和报道他。

刘秀祥的心理依然十分敏感，他不希望自己的情况被大学同学知道，从而瞧不起自己。但心地善良的他也不能狠心拒绝记者的采访，便只好偷偷地跑到临沂大学城的邮局，把报道他的所有报纸全部买走了。但事态已经不由他控制，到最后，北京卫视和中央电视台都来了，刘秀祥只好顺其自然。

2009年，北京卫视的《真情耀中华》节目组帮刘秀祥筹集了7万多元，并联系了临沂第四人民医院和北京回龙观医院给刘妈妈看病。刘秀祥接受了医院看病的安排，但是把收到的捐款又都捐了出去。他觉得，苦难不是自己向别人伸手的理由，他要凭自己的双手赚钱。如果依靠捐助，他害怕自己会失去自食其力的精神和能力。

他说："一个人活着，不应该让人觉得可怜，而应让人觉得可亲和可敬。"于是，大学期间，刘秀祥一边读书，一边参与学校的勤工俭学项目，还趁课余时间到校外打工。四年间，妈妈看病和吃药整整花去15万元，基本上都是刘秀祥自己双手赚来的。

他对捡破烂时认识的弟弟妹妹，资助金额也从每个月十几二十元增加到每个月二三百元。令他欣喜的是，一个妹妹考上了北京医科大学（现北京大学医学院），一个弟弟考上了贵州师范学院。但另一个妹妹的情况却让刘秀祥心里十分沉重。在他大四毕业那年，这个妹妹给他打电话说自己不读书了，要去结婚。当时，这个妹妹才15岁。这件事情让刘秀祥感到既心酸又震惊。他意识到，很多人不是被生活的贫穷所击败，而是被落后的观念所击败。

此时，刘秀祥已经接到很多公司的录用函，有的单位条件非常好，给出的月薪高达1.2万元。在2012年，在临沂这个小城，这已经算是极高的工资了，足以让他和妈妈过上非常好的生活。但是，刘秀祥还是毅然选择了回老家任教，正如鲁迅放弃了学医，想用笔来唤醒国民的精神一样，刘秀祥也希望自己能够用教育来改变家乡孩子们的思想。

在望谟县特岗教师招聘考试中，刘秀祥获得第一名的好成绩，他可以任意挑选全县的学校，但他却挑选了最偏僻的打易中学。很多人为刘秀祥感到惋惜，但刘秀祥说："我了解家乡的孩子们对于知识的渴望，以及无法改变现状的绝望，我曾经是他们中的一员，但我走出来了，得到了许多好心人的帮助。现在，我要回去帮助更多家乡的孩子走出去，让孩子们知道，这个世界并不冷漠。"

工作后，刘秀祥依然没有停止奋斗。他跑遍了每一个他教过的孩子的家，7年跑坏了8辆摩托车，挽救了无数失学的孩子，还一对一帮扶资助过 1700 多个贫困学生。他曾经主动请缨，担任一个最差班级的班主任。那个班的学生都是被命运抛弃的孩子，中考总分 700 分，他们中考得最好的才考了 285 分，最差的更是只有 105 分（其中还包括 50 分的体育分和 5 分的民族分）。但在刘秀祥的关心下，这些孩子最后全部考上了大学，连 105 分的那个学生都考上了二本。

除了教好学生，刘秀祥自己也不忘进步。2016 年，他考取了南京师范大学教育学院的在职硕士，他一边工作，一边读书。2018 年，刘秀祥 30 岁，由于工作出色，被任命为望谟县实验高中的副校长，但没有学生叫他"刘校长"，学生们都称他为"祥哥"。

* * *

祥哥结了婚，他和妻子一起住在学校的教师公寓楼，共同照顾母亲。刘秀祥也变得强壮了，他的体重由高中时的 80 多斤，到大学时的 90 多斤，现在终于突破 100 斤。工作之余，刘秀祥受邀到一些学校和单位去做演讲，用自己的亲身经历鼓励他人。这些年来，他巡回演讲 1000 多场，被他的演讲感动和激励过的人超过百万。

在被评为"中国好教师"时，刘秀祥说："我只是一个幸运者。""我很庆幸自己没有成为社会的'包袱'，而且有机会实现自己的价值。"

为了写这篇文章，我找到了刘秀祥的联系方式，当添加微信时，我看到他的微信签名上写着：每次跌倒，除了流泪，留下的就是坚强。当我说"谢谢您带给这个世界的精神力量"时，刘秀祥回答：在努力，竭尽全力，我们一起用思想和行动去影响和改变更多的人。

从4岁丧父，母亲生病，家庭支离破碎，到自强奋发，自度度人，刘秀祥给我们上了生动的一课。

命运有时会捉弄我们，给我们降下各种苦难。我们会痛苦，会彷徨，会焦虑。我们会咒骂，会抱怨，会痛恨。但是我们不能忘记，唯有自强不息，才能战胜苦难，才能把命运握在自己的手中。

几千年来，曾经遭受无数苦难，但却依然傲立东方，并且正在释放出更加强大的勃勃生机的中华民族，不正是这样熬过来的吗？几千年来，曾经遇到无数挫折，但却依然勇敢面对生活，并且正在创造更加繁荣美好的世界的无数中国人，不正是这样走过来的吗？

我们要始终相信，中国有无数的"刘秀祥"会挺身而出，以坚忍不拔、拼搏奋斗的民族精神勇敢面对生活中的一切。每一个面对生活的苦难选择不低头的人，选择奋斗的人，都是生活的"巨人"，都是中国的脊梁！

愿刘秀祥的故事，能够给我们带来更多的力量。

法则

4

影响人生进程的
五大法则

所谓成功，
就是不断进入 20%

　　你有没有发现一个现象：在每一个微信群里，来来回回发言的总是固定的几个人，大多数人都是很久才冒个泡，或者完全不说话。

　　通过进一步统计我们会发现：在一个有 100 个人的微信群里，每 100 条新的消息，有 80 条是发言最多的那 20 个人发的。其中，64 条是最活跃的 4 个人发的。甚至更极端的是，有些群里一半以上的信息都是某一个人发的。这种现象叫作二八法则。

如果世界上有一种道理，听了马上能懂，懂了马上能用，用了马上有效，且足以对人的一生产生重大的影响，那么二八法则一定是其中一个。"二八法则"仅 4 个字，却包含着个人和社会发展的深刻密码。

为什么你拼命工作，却依然没钱？为什么淘宝的 CEO 蒋凡和拼多多的老板黄峥，都说"60 分万岁是个好哲学"？为什么穷人越来越穷，富人越来越富？答案也许就藏在"二八法则"这 4 个字里面。

世间万物的发展各有其规律，但对我们的成长和认知有重要影响的有两个规律：一个是正态分布，一个是幂律分布。

环顾一下四周，或者回忆一下你认识的人，是不是有以下规律：成年人中，大部分人的身高都在 1.50 米到 1.85 米之间，低于 1.50 米和高于 1.85 米的人很少见；成年人中，大部分人的体重都在 80 斤到 180 斤之间，低于 80 斤和高于 180 斤的人很少见；大部分人都谈不上超级聪明，但智商也不是特别低，智商低于 75 和高于 135 的人很少见……类似的情况在学术上叫作正态分布。正态分布用图表示是这样的（图 4.1）。

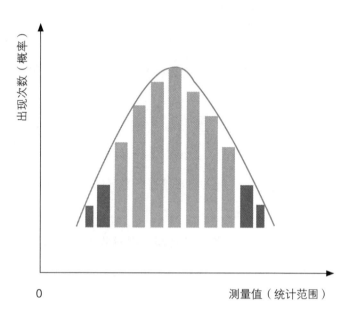

图 4.1　正态分布图

　　图 4.1 中，柱子代表符合每一个测量值或每一段统计范围的个数。可以看出，大部分都落在浅色区域，深色区域很少。正态分布规律的形成，是有很多个相互独立的因素共同作用在一个对象上，造成了其合力趋向中心化的结果。

　　我们每天都要做无数个选择，但决定我们命运的其实只是少数几个最关键的选择。

　　公司中有很多人在做销售，但是卖出去大部分产品的总是少数的几个人；手机上有很多 App，但我们每天会习惯性地打开那两三个；全世界最有钱的 5 个人，他们拥有的财富加起来，约等于世界财富的一半……

所以说很多时候，长时间对事物的发展持续起作用的是一个或少数几个相互关联的关键因素，这个时候又会形成第二种常见的分布：幂律分布。

幂律分布用图画出来是这样的（图 4.2）。

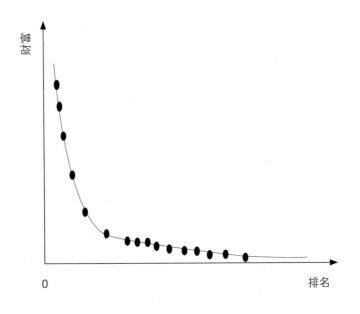

图 4.2　幂律分布图

图 4.2 中，每一个点都代表了一个人，越靠左，代表其排名越靠前；越往上，代表其财富越多。

除了财富之外，上市公司的市值、小说中人物的出场次数、科研杂志中科学家论文被引用次数等都符合这个幂律分布规律。我们的成长密码和财富密码，就隐藏在这条曲线里面。

＊ ＊ ＊

二八法则是幂律分布的简化版。

1897 年，意大利经济学家维弗雷多·帕累托，在研究英国人财富分配的时候发现，20% 的英国人拥有社会上 80% 的财富，而剩下 80% 的人拥有的财富只占区区 20%。

帕累托进一步研究其他地区和国家的情况，发现这种情况普遍存在。后来，人们把他的这一发现称为"帕累托法则"，又称为"二八法则"。

99 年后，美国学者约瑟夫·爱泼斯坦和罗伯特·艾克斯特尔用计算机程序设置了一个虚拟的世界。在这个世界里，有些地方资源丰富，有些地方资源贫瘠。一些虚拟人被随机分布在各地，自由竞争。一部分虚拟人比另一部分虚拟人拥有一些更好的初始条件，如眼界更好或身体更佳。但他们最初拥有的财富都一样多。可是，在经过多轮竞争后，财富渐渐地集中到少数虚拟人手里。竞争的回合越多，这种现象越明显。

我个人认为，1897 年是人类历史上挺恐怖的一年。因为二八法则的发现打破了人类久远以来"不患寡而患不均"的大同梦想。它证实了"马太效应"，揭示了一个现实问题：不公平是人类社会发展的客观规律。

也许共产主义可以解决经济上的平等，但是不可能解决80% 的高质量论文由 20% 的科学家写出，班上 80% 的女孩喜欢 20% 的男生（反过来也一样）这类问题。

二八法则还符合分形规律。所谓"分形"，就是一个图形的局部放大后，呈现出来的样子和原来的图形一样。在二八法则这里，分形意味着在每一个衡量尺度上，二八法则都在起作用。

20% 的人拥有 80% 的财富，而 20% 的人的财富分布又符合二八法则。所以说，无论任何时候，我们都会面对不公平，这是作为个体无法逃脱的宿命。我们唯一能决定的就是选择成为 80%，还是 20%。

人这一生，怎样才算成功？对于成功，每个人有不同的选择。有人选择有钱，有人选择有权，有人选择有名，有人选择家庭和谐，有人选择爱情美满，有人选择内心安宁，有人选择做科研，有人选择做慈善……其实无论我们选择哪一种，只要能在这个领域内做到前 20%，就算成功。

你说："我早已做到前 20% 了，可我不觉得自己很成功啊。"那你还可以进入 20% 里面的 20%，也就是前 4%。如果你已经做到前 4%，你还可以进入前 0.8%。所谓成功，就是不断从 80% 进入 20%。

* * *

如果我们只把二八法则用于制订目标上，那恐怕没有充分发挥二八法则的价值。二八法则最具价值的地方，是它可以用来指导我们的日常思维和行动，帮助我们进入 20%。

当你知道 80% 的生意都来自 20% 的客户时，你就应该把你 80% 的热情献给这 20% 的关键客户，你 80% 的营销费用、时间、礼品、关心、问候等都要尽量放在这 20% 的客户身上。

当你知道公司命运的 80% 来自你 20% 的决策时，你就应该把主要精力放在战略、人才和核心业务上面，而不应该把精力花费在鸡毛蒜皮的事情上面。

当你知道 80% 的业绩都是由 20% 的工作决定时，你就应该放弃万事求完美的心态，分清楚重点工作和次要工作，然后把 80% 的精力放在重点工作上。

当你知道 80% 的收益是由 20% 的投资带来的时候，你就不会对大部分的亏损那么在意了。

前世界首富、"投资之神"巴菲特曾经说过："如果把我们投资最好的 10 个项目去掉，那我们的整个业绩就是狗屎。"厉害如巴菲特，大部分的投资项目也是亏损的。

当你知道 80% 的成果都是来自 20% 的时间的时候，你就会更具耐心。成功不是线性的，而是经过长时间的积累之后才爆发的。你要用 80% 的时间去打基础，并且很多时候只能得到 20% 的回报。你经过长时间的积累在最后 20% 的时间内大显身手，才能赢回 80% 的收获。

要知道，巴菲特的几百亿美元的财富，其中绝大部分都是在他 66 岁以后才获得的。

这就是史蒂芬·柯维在《高效能人士的七个习惯》里面一直强调"要事为先"的原因，也是蒋凡和黄峥都说"60 分万岁是个好哲学"的原因。因为无关紧要的事情根本不值得你花费那么多时间。

＊＊＊

1975 年，美国生物学家 Allan Wilson 和 Mary-Claire King 提出，人类和黑猩猩的基因差异仅有 1%。该研究在《科学》杂志上发表后，世界一片哗然。

后来，人类 DNA 测序的结果也证明了这一论断。而人和人之间的基因差异那就更小了，不同人种之间的基因差异不到 0.5%。

既然人和人之间的基因差异那么小，那么究竟是什么决定了人和人之间成就的差异呢？除了所处的国家、地区和家庭出身，以及是否残疾等我们无法控制的先天条件之外，一个至关重要的因素就是微小优势的持续积累，也就是常说的复利效应。

一个单细胞生物与一个智慧生物的差异可以说是天壤之别，但是，智慧生物都是由单细胞生物进化而来。在进化的不断选择下，更能适应环境的优势被不断保留，经过亿万年的积累，单细胞生物可以变成无比复杂的、具有智慧的人类。

假设你和同事两个人进公司时的能力不相上下，但是你每天晚上回家刷抖音，同事每天晚上回家学习，每天比你进步千分之一。一年以后，同事的能力肯定会超过你。

如果你没有被这个数字触动到，我还可以告诉你，10年以后，你的同事的能力将是你的几十倍。几十倍的能力差距足以解释一切财富和地位的差距。区别就在于，你放弃了进步，而你的同事在坚持学习。

如果你坚持用二八法则指导日常的生活和工作，把主要精力放在最重要的事情上，你的成长一定会比没有认识到二八法则重要性而在所有事情上平均用力或者荒废时间的人要快得多。

也就是说，如果你明白了二八法则，你就能获得优势。在时间的作用下，优势长期积累，你就远远超过了对方。了解二八法则，实践二八法则，你就能获得相对其他人的额外优势，这就是你能进入20%的逻辑推导。

二八法则是社会各领域中普遍存在的规律。不管是经商、为官，还是做科学家、当艺术家……80%的平庸者和20%的成功者的分野无处不在。我们无法改变规律，但是可以选择是成为80%的平庸者，还是成为20%的成功者。

二八法则，不仅是目标的尺度，还是前进的方法。找到你生命中最关键的20%，把80%的精力放在上面，让时间来放大你的优势，你一定能成功。

持续进化，
是拉开人与人之间距离的关键

世界上的"牛人"分为两种："天才型牛人"和"进化型牛人"。"天才型牛人"很早就具备了核心优势，只是等待合适的时机发挥出来；"进化型牛人"一开始并不具备核心优势，他们需要不断地练习，不断地试验，不断地犯错，最后才获得优势，脱颖而出。

诗人中，李白是天才型的诗人，杜甫是进化型的诗人。"李杜"以后的人们，学诗没有学李白的，都是学杜甫。因为李白学不了，但杜甫可以学。

企业家也是一样。有些是天才型企业家，有些是进化型企业家。我认为，在外国的企业家中，乔布斯是天才型的，贝佐斯是进化型的；在中国的企业家中，马云是天才型的，马化腾是进化型的。

作为普通人，我们往往会认为那些很厉害的企业家都是天赋异禀，具有常人无法企及的能力，如此才能把企业做得那么强大。但是，在研究了很多"牛人"之后，我发现，他们之中固然有不少是天才，但更多的在一开始也就是普通人，完全看不出有特别的地方。

而这些一开始就很普通的人，后来之所以成为"牛人"，就是因为两个字——进化。

* * *

以阿里巴巴创始人马云和腾讯创始人马化腾为例。马云和马化腾相差7岁，但他们创建自己主要企业的时间是差不多的。1999年，35岁的马云创立了阿里巴巴。1998年，27岁的马化腾创立了腾讯。

从年纪上来看，"70后"的马化腾似乎比"60后"的马云更加少年得志。但不同的是，马云很早就认定电子商务是未来发展趋势，而马化腾则经历过多次折腾，在很偶然的情况下才做出 OICQ，即后来的 QQ。

马云创建阿里巴巴，并招来 18 个员工。这 18 个人后来被称为"十八罗汉"，马云是绝对的统帅。而腾讯的建立更像是一群不甘寂寞的年轻人合伙捣鼓一件事。腾讯的创始人仅有 5 位，后来被称为"五虎将"，马化腾也是其中一员。

马云很早就吸引了蔡崇信这样的"牛人"，那时，阿里巴巴除了马云的一张嘴之外，一无所有。马化腾则是等到公司成立 6 年之后才挖来了刘炽平，那时腾讯已经上市。

马云具有强大的忽悠能力（褒义），不管对方是投资人、公众还是各国政要，马云都能口若悬河地把对方"侃晕"。马化腾则害羞内向，不善于与人打交道，和同事出去跑业务，总被认为是同事的跟班。

马云一开始就知道自己在创建一家伟大的企业，并设定了公司的宏伟目标——至少活 102 年，经历 3 个世纪。公司成立第二年，马云就操办起"西湖论剑"，俨然成为国内互联网界的"武林盟主"，其领袖气质一开始就彰显无余。

马化腾则从来没想到自己会创建一个大企业，他创业的最初规划是"第三年，公司扩张到 18 个员工"。他的同学、老师没有一个人认为害羞内向的马化腾会成为企业家。

从上面的对比中我们可以看到，马云在战略选择、招贤纳士、宣传鼓动等方面，具有一些超越常人的才能。马云是一个天生的企业家。而马化腾一开始并不具备这些才能，他是在运营公司的过程中不断地进化后习得这些才能的。

马云和马化腾身上的不同之处，也体现在阿里巴巴和腾讯这两家公司的发展战略中。阿里巴巴的发展策略是深思熟虑的战略决策机制，腾讯则是广泛撒网、重点捕捞的赛马机制。阿里巴巴的业务拓展是既定战略自上而下的传导，而腾讯则是自下而上的多点开花。

阿里巴巴成功的关键因素是远见，文化精髓是坚定不移地朝着梦想前进，核心能力是战略决策与执行力，只要看准了发展趋势，定好了大方向，阿里巴巴基本上就能赢。其产品和服务的体验可能会比较粗糙，但无碍大局。未来如果阿里巴巴会失败，一定是因为战略上的失误。

腾讯成功的关键因素是同理心，文化精髓是灵活多变地满足用户需求，核心能力是创新激励与用户体验，只要有了好产品，腾讯基本上就能赢。哪怕是战略眼光差一点，起步晚一些，腾讯也能通过其无与伦比的改善用户体验的微创新能力，后发制人，后来居上。未来如果腾讯会失败，一定是因为不能再推出受市场欢迎的新产品了。

* * *

马云和马化腾这两个不同性格特质的人，都取得了巨大的成功。但是对于我们普通人来说，马云没法学，马化腾可以学。

我们要学习马云，最后的结果可能是 0 和 1 的区别，要么学会了，要么完全学不会，没有中间地带。要达到 1，主要靠开悟，而不是苦学。我们要学习马化腾，最后的结果可能是从 1 到 10 的区别，未必一定能取得 10 或成为下一个马化腾。但是只要肯学，从 1 进化到 3，再到 5，还是可以的。

"汽车之家"和"理想汽车"的创始人李想，就是典型的进化型企业家。李想的起步低，没有好的家庭背景，没有大学学历，没有管理经验，他自创业以来犯过无数错误。

从石家庄的一个显卡网站到北京的泡泡网，到全球最大的汽车网站——汽车之家，再到造车新势力佼佼者理想汽车，每一个都是全新的领域，每一个领域李想都踩过很多"坑"，他遇到过很多挫折，但是他能从挫折中吸取教训，让自己不断进化。他超强的进化能力让自己各方面的能力越来越强，公司也越办越大。

现在，理想汽车已经完成了 C 轮融资，估值 200 亿元，王兴、程维、张一鸣等企业家也纷纷抢着与李想合作或者向他的公司投资巨额资金。

李想把自己的进化之路比喻成爬 5 层楼。为什么要比喻成爬 5 层楼呢？因为他是从一个普通的人进化到一个优秀的人，然后进化到一个优秀的管理者的。现在他已经是一个优秀的领导者，下一步进化的目标是成为一个顶尖的领导者。

正是这种不断进化的能力让李想越来越成功。我们大多数人都是普通人，没有天赋，只能不断进化才能取得成功，如果够努力，甚至可以追上或超越那些所谓的天才。

* * *

自然界的进化是无意识的。基因突变造成性状差异，遗传让这些差异得以传承，自然选择让适者生存，不适者淘汰。这一切既不是谁在主动安排，也没有目的和方向。但人类的优势在于我们可以主动进化，并且选择进化的节奏和方向。

我把主动进化分为三个层次：认知层、创造层、积累层。

认知层——从僵固型思维升级为成长型思维。

很多人看到那些成功的企业家，觉得他们太厉害了，自己一辈子也赶不上。其实，天才并非遥不可及，只要我们不断进化，就能越来越接近他们。关键是要认识到：努力可以弥补天赋的差距，普通人也有成为"牛人"的可能。

美国著名心理学家和教育家卡罗尔·德韦克有一本超级畅销书——*Mindset: The New Psychology of Success*，中文译本有两个版本：《遇见成长的自己》和《终身成长》。这本书中提到了僵固型心态和成长型心态，也可以说是僵固型思维和成长型思维。

持有僵固型心态的人，认为人的能力是固定的，天才是天生的，不可超越的。正因为抱着这样的心态，他们否认努力的作用，并且逃避有挑战性的工作，害怕挫折和失败。因为这可能会在某个时候展现自己"能力不行"。

而持有成长型心态的人，认为人的能力是不断发展的，天才的高度是可以通过不断学习而达到的。抱着这样的心态，他们积极、努力地提升自己，乐于接受有挑战性的工作，并且把挫折和失败看成是提升能力的机会。

我发现，在社会上取得一定成就者，无一不是持有成长型心态的人。所以，当看到那些厉害的企业家，我们在佩服之余，不妨暗暗告诉自己，彼可取而代之也！虽然未必能完全达到他们的高度，但是"取法乎上，仅得其中"。

创造层——主动创造新的多种性状。

进化的本质是不同性状的物种被自然挑选，适应环境的被保留，不适应环境的被淘汰。将其应用到社会上，也是如此。

腾讯的成功秘诀之一就是赛马机制——由多个团队开发不同的产品，并根据市场反应来不断优化迭代，最终让市场决定产品的命运。游戏领域的王者荣耀和社交领域的微信，都是这样竞争出来的。

世界上存在着很多不确定性，我们很难预判哪些能力会在未来更有用，哪些产品会在未来更热门。所以，持有成长型心态的人会不断学习新的知识，成长型公司会不断研发新的产品。这其实是在给自然提供多样化的性状，通过自主的"变异"，提高生存或者成功的概率。

从进化的角度看，大部分的变异是被浪费掉的。但是只要有少部分变异能够脱颖而出，获得优势，物种就能够生存发展。关键在于，我们有没有让自己获得那些能在社会上占优势的性状。

积累层——微小优势的持续积累。

进化是一个具有魔力的词。一个最简单的单细胞经过几亿年的进化，可以变成复杂无比的人类。其中的关键就是细胞一点一点地获得新的性状，这些性状在适应环境上比其他性状更具有优势，所以就积累下来，刻在了我们的 DNA 里，让我们成为现在的样子。

这里有两个需要我们注意的关键词：微小和持续。很多人都喜欢走捷径，希望一步登天、一夜暴富。从进化的角度看，这是不现实的，且对我们的人生也没有指导意义。

在每一次的进化中，我们可能只获得一点优势，要想拥有更大的优势，我们需要不断练习，不断积累。

羞涩的马化腾能拥有今天的成就，是每天都进步一点点的结果。腾讯的 QQ、微信和王者荣耀，也是经过无数次微小的优化，几百个版本的迭代，才成为现在的样子的。

互联网时代，"胜者通吃"的现象会更加明显。很多时候，一款产品、一个人、一家公司并不需要在实力上全面碾压对方，只要有相对微小的优势，就能够在竞争中取胜，获得大部分甚至全部的收益。从这一点看，相对实力比绝对实力更重要。

但是，有了微小优势还不行，我们还需要时间去积累优势。正因为优势很微小，所以需要时间去积累，如此才能拥有更大的优势。我们每天进步千分之一，能力也就增长千分之一，虽然很不起眼，但如果能坚持10年甚至20年，那么个人的收获将是惊人的。

这种指数型增长是一切进化能够起作用的根本原因。它告诉我们，不要着急，只要持续进步，熬过前面的平缓增长期，越到后面，你的收获就会越大。

作为一个普通人，进化能力是我们最重要的能力。能不能持续进化，是拉开人与人距离的关键。

也许我们的出身比不上别人，智商比不上别人，读的学校比不上别人，经商能力和管理能力比不上别人，但是只要我们能够持续进化，最后一定能够超越别人。

所以，请一定要把僵固型思维转化为成长型思维，不断学习新的知识，尝试人生各种各样的可能，并且持续不断地提升自己的能力。

控制住最大风险，
放开手脚闯天下

　　人生难得的是"悟已往之不谏，知来者之可追"。所以从今天开始改变思维，人生还大有可为。

　　1999 年，中国还很穷，年人均生产收入才 7200 元，在世界上排第 118 名。而就在那时，有一个人放弃 70 万美元年薪（按当时汇率算，折合人民币 580 万元），不远万里来到中国，接受了一份月薪 500 元的工作。这个人就是蔡崇信，祖籍浙江，出生于台湾，后加入加拿大国籍。

　　蔡崇信因为帮朋友谈业务，认识了马云。当时的阿里巴巴还只是一个画在纸上的"饼"。阿里巴巴公司还没有成立，只有一个半死不活的网站。

而当时的蔡崇信拥有耶鲁大学法学博士学位和纽约州执业律师执照，有10年税务、法律和投资经验，时任一家著名投资公司的副总裁兼高级投资经理，是无论走到哪里都会被疯抢的高级人才。

不知道马云对蔡崇信说了什么，蔡崇信回去后，一个月都夜不能寐。6月，蔡崇信迫不及待地带着老婆来杭州找马云。6月的西湖，风光不与四时同。

马云带着蔡崇信夫妇泛舟西湖，船行到"接天莲叶"和"映日荷花"之中时，蔡崇信对马云说："我要加入阿里巴巴！"正在摇橹的马云毫无心理准备，一个趔趄差点把船弄翻。马云结结巴巴地说："我只给得起一个月500元的工资……"但此时的蔡崇信已经坚定了自己的想法，他执意要加入阿里巴巴，其太太也在一旁帮腔。马云当然求之不得，于是蔡崇信就从年薪500万的投资人，成为月薪500元的打工者。

加入马云的团队后，蔡崇信帮助阿里巴巴建立了现代管理制度和财务体系，设计了 VIE 架构，拉到了大笔融资，成为马云成功背后那个功不可没的男人。现在，凭着在阿里巴巴的股份，蔡崇信位列加拿大富豪榜第二名。

多年以后，蔡崇信在耶鲁商学院的一次访谈中，回忆起当时为什么要放弃高薪加入阿里巴巴时，说了这样一段话："耶鲁法学院的学位是这世上少见的珍宝，在政府和商业世界里都很稀缺。换句话说，我去冒险，风险收益是不对称的，下行风险很小，上行收益可能很大。说到底，如果我去阿里巴巴干半年，公司不行了，我还是可以再回头去干税务律师或者做投资。"

也就是说，对蔡崇信而言，哪怕阿里巴巴失败，他最大的风险不过是损失一两年的工资而已。这点风险完全在他的承受范围之内。他拥有耶鲁大学法学博士学位和纽约州执业律师执照，且拥有多年的从业经验，随时可以从头开始。

这也告诉我们，控制好了最大风险，我们就可以无所畏惧地追求自己想要的东西了。

* * *

在游乐场的时候，你可能会发现两种完全不同类型的孩子，一种类型的孩子什么都敢玩，爬上跳下，不亦乐乎；还有一种类型的孩子秋千不敢荡，滑梯也不敢玩，偶尔想爬个高，还要偷偷回头看一眼家长。

试想一下，这两种类型的孩子长大后，哪种孩子更有魄力？哪种孩子更胆小畏缩？哪种孩子更容易成功？哪种孩子更容易一事无成？哪种孩子更容易追到喜欢的人？答案可想而知。

那么，孩子为什么会有两种不同的表现呢？主要和家长有关。第一种类型孩子的家长在教育孩子时总是鼓励孩子："加油，爬上去，你真棒！"另一种类型孩子的家长在教育孩子时总是吓唬孩子："危险，快下来！"

其实，让孩子自由自在地玩耍，即使摔一跤，擦破了皮，大不了哭几声，没有什么大不了的。在危险可控的范围内，我们应该给予孩子自由，让孩子尽量去体验生活中的一切，这样孩子才能开朗乐观，心理才会更健康。

有时候，我们为了规避风险，限制了孩子的很多行动。但是，这种规避风险的行为有可能会给孩子造成更大的风险。你限制了孩子玩耍的天性，有可能扼杀孩子的创造力，甚至有可能影响孩子的身心健康。

孩子喜欢玩泥巴，就让孩子玩；孩子喜欢在地上打滚，就让孩子打滚；孩子喜欢在墙上画画，就让孩子画。只要最大的风险是可控的，就没什么是不可以做的。孩子的快乐和心理健康比什么都重要。

* * *

在政府部门工作多年，我见过很多不同类型的领导，这些年做咨询，也接触到了各种各样的老板。

有一些领导或老板善于"抓大放小"，下属或员工干劲十足、积极性强，公司发展欣欣向荣。也有一些领导或老板喜欢"一竿子插到底"，不论下属或员工做什么事情，他都要指手画脚，甚至连办公室的盆栽放在哪，PPT格式怎么改都要管，还美其名曰：魔鬼藏在细节。

可是他们忘了，当他们把时间花在这些琐事上时，哪还有精力思考部门发展、公司战略这些大事呢？实际上，这是用战术上的勤奋来掩饰战略上的懒惰。

如果公司里有这样一个"一竿子插到底"的领导或老板，整个公司的氛围都会被弄得沉闷不堪、紧张兮兮。在公司里，每个人都害怕动辄得咎，对领导或老板敬而远之，恨不得做的事情越少越好，渐渐地，人心就散了，人都走了。

其实，只要领导或老板想明白"最大风险可控"的道理，很多事情是可以充分授权给下属的。作为领导或老板，你就放手让下属去闯，让员工大胆去干，只要风险在可控范围内，出点问题又会怎样呢？

阅读《资治通鉴》时，我常惊叹于司马光对"决断力"的推崇和对"优柔寡断"的鄙视。评点历史人物时，如果司马光用了"其人好谋而少决""多谋而寡断""谋而无断"之类的评语，就可以断定这个人不会有什么好下场。

在我们的生活和工作中，决断力是非常重要的一种能力。

年轻时，你喜欢一个女孩，可是你不敢追。结婚了，你遇上了"渣男"，可是你不敢离婚。工作了，你做得很痛苦，可是你不敢辞。你有没有分析过，你不敢做的原因是什么？如果做了，最大的后果会是什么？如果最坏的结果出现，是不是在你的承受范围之内？

假如最坏的结果你可以承受，那还有什么好怕的呢？你尽管大胆去追那个女孩，最坏的结果就是她拒绝你。这个结果难道比不敢追还要坏吗？你不敢追，她永远也不可能属于你。所以，大胆开口，能坏到哪去呢？

你大胆把"渣男"踢了，最坏的结果就是孤身一人，难道比天天活在渣男带来的痛苦和怨恨中更坏吗？

你大胆把不适合自己的工作辞了，最坏的结果就是要再找一份工作，哪怕钱少一点，至少每天开心快乐，也总比每天不想去上班好。

＊ ＊ ＊

那么，我们怎样才能做到最大风险可控呢？

首先，我们需要提高判断风险的能力。很多时候，我们在做决策时，心中并没有一定的风险意识，容易无限放大一些风险，或者忽略一些风险。

老人总是不准小孩子吃冰激凌，认为冰激凌是太凉的食物，吃了会拉肚子。其实有时候老人的担心多余了，吃冰激凌并不一定就能导致孩子拉肚子，这要看孩子的身体素质。如果孩子的身体素质好，孩子是可以吃冰激凌的。

当然，如果我们在该注意控制风险的时候忽略了风险，可能会带来更大的麻烦。如有些人去做传销、赌博，或者因好奇而去尝试毒品，这都是缺乏风险认识的表现。

提高判断风险的能力，最重要的是提升自我意识。当做决策时，我们要有意识地去探究是否存在风险，对于这个风险自己是否能承受。然后要提高认知水平和思维能力，多读有用之书，多了解各方面的信息，更关键的是遇事多思考，多问几个为什么。

其次，我们需要提升自身的风险承受能力。蔡崇信为什么敢舍弃高薪，投奔马云，心甘情愿领着500元钱的工资呢？因为他有极强的风险承受能力，即使阿里巴巴失败，他的生活也不会因此受到太大的影响，当然也不影响他未来找别的工作。

所以说，我们的风险承受能力越强，能够接受的风险损失也就越大。而通常的情况是，风险越大的地方，利润往往越高。一个人的风险承受能力取决于三个因素：能力、意志、资本。其中最核心的是能力。

美国前首富洛克菲勒说，哪怕他身无分文被扔在撒哈拉沙漠，只要有一队骑骆驼的商人经过，他很快就可以成为百万富翁。这就是拥有能力的自信。

最后，资本也很重要。钱是人的胆，人穷时总会畏畏缩缩，做事瞻前顾后，进而错过很多好机会。有钱就有底气，敢于冒一些别人不敢冒的风险，敢于拒绝自己不喜欢、不想做的事情。

所以，当你既能识别风险，又具备一定的风险承担能力，你在做决策的时候就会容易很多。生活和命运也会优待你。

现代社会，各方面的保障体系已经越来越完善了，不管遇到多大的苦难，我们也不至于衣食无着。即使我们所做的决策导致了失败，大不了从头开始。所以作为现代人，我们应该有足够的底气比祖辈父辈活得更有勇气一些。

社会偏爱有胆量的人，命运喜欢有魄力的人，成功总是

169

属于敢作敢为的人。当你还在犹豫时，那些比你更有决断力的人已经开始行动了，慢慢地，就会把你远远抛在身后了。

喜欢，你就去表白！有梦想，你就去追逐！想要，你就马上去做！人生不会给你太多的时间去思前想后。如果最大的风险在你可承受范围之内，那你还在害怕什么？正如小米创始人雷军所说："生死看淡，不服就干！"

树立长远目标，
不被一时成败得失迷惑

2018年4月，继苹果公司之后，美国互联网巨头亚马逊市值也超过了万亿美元。其创始人杰夫·贝佐斯的个人财富远超前世界首富比尔·盖茨。仅从2018年来看，得益于亚马逊股价的迅猛上涨，贝佐斯身家已经狂升了670亿美元，等于贝佐斯的财富平均每小时增加800万美元。

投资界持续看好亚马逊的未来。摩根士丹利的相关投资报告表明，亚马逊的股价被低估了40%。

凯鹏华盈（KPCB）合伙人、"互联网女皇"玛丽·米克尔（Mary Meeker）对亚马逊的评价是，苹果代表了过去，亚马逊代表了未来。这句话得到了大众的广泛认同。

贝佐斯的名字可能会在全球首富榜上"待"很多年。而他的成功秘诀可以总结为 4 个字：着眼长远。

1994 年，30 岁的贝佐斯想开一家网店卖书，起初他想说服公司老板，由公司出面开拓这个业务，但没有得到同意。于是贝佐斯想辞职自己开网店。当时，贝佐斯已经是某基金公司的副总裁。

贝佐斯和老婆麦肯齐商量："我想辞职卖书，可能会失败，你支持吗？"麦肯齐说："只要是你的梦想，就值得追寻。"然后，麦肯齐二话不说就帮贝佐斯收拾行囊。接着，他们两个人开着车，一路从东海岸的纽约，穿越整个美国，开到了西海岸的西雅图。

经过半年多的考察，贝佐斯借了 30 万美元，创立了 Cadabra 公司，后来改名为 Amazon（亚马逊）。又经过几个月的试运行，1995 年 7 月，亚马逊网站正式上线。

* * *

从创立亚马逊的第一天起，贝佐斯便不以营利为目的，坚持低价卖书，要把亚马逊做成世界上最大的书店。幸运的是，贝佐斯仅用 2 年就做大了亚马逊，并且上市了。亚马逊上市以来，贝佐斯把"着眼长远"的理念用到了极致。

亚马逊上市 20 多年来几乎没有盈利过，每年的财务报表都显示亚马逊处在亏损或微利状态。但是亚马逊的营业收入每年都在高速增长。

贝佐斯称："竞争对手对利润率的热爱正是亚马逊的机会，因为他们会受制于此，所以亚马逊和他们竞争如热刀切黄油一样简单。"

亚马逊就是这样做到了卖书世界第一，然后又做到了网络零售世界第一（占美国电商销售额的 49%），云服务世界第一。

贝佐斯喜欢说 Day 1（第一天），他的办公大楼名字就叫 Day 1，他希望公司永远处于 Day 1 的状态。市值上万亿美元，对亚马逊和贝佐斯而言，只是一个新的开始。

贝佐斯非常看重"着眼长远"这个经营战略，这也是他成功的关键要素之一。公司上市后，贝佐斯每年给股东写一封信，1997 年的一封信揭示了他的成功理念，被誉为"电商圣经"，标题叫《一切着眼长远》。

贝佐斯说："我们是否成功的一个重要衡量标准，就在于我们是否为股东创造了长期的价值……基于我们对长期目标的专注，我们所做的很多决策以及衡量得失的方法都有别于其他一些企业……我们将更多地为'强化长期市场领导地位'这一目标做持续的长期投资决策，而非关注短期的盈利以及华尔街的反应……如果被要求在最优化会计报表和最大化未来现金流二者之间做出选择，我们会毫不犹豫地选择后者……"

正是在这种经营理念的引导下，亚马逊长期亏损，却能持续成长。因为贝佐斯把赚来的钱都用于提高亚马逊长远的赚钱能力上了。

* * *

人生很长，千万不要计较一时的得失，要把眼光放长远。人们习惯于从短期利益出发来选择工作。如果一份工作月薪20000元，另一份工作月薪5000元，大部分人都会选择月薪20000元的那份工作。但真正有远见的人会看这份工作对自己的成长有何作用。

"80后"的张一鸣毕业时，完全可以选择去金融业找一份稳定的工作，拿高薪。但是他选择了只有3个人的初创小公司——他是该公司第一个技术人员，只因为这个小公司能让他快速成长。

几年后，张一鸣带着他从几家小公司练就的经验，创办了自己的公司——北京字节跳动科技有限公司。你可能对这家公司并不熟悉，但对该公司旗下的两款产品一定很熟悉，一款是今日头条，另一款是抖音。

《2019胡润80后白手起家富豪榜》上，张一鸣高居第二位。他的成功和贝佐斯的成功有异曲同工之妙。这也告诉我们，年轻时，钱赚少一点没关系，关键是你有没有投资自己的核心能力。

贝佐斯说："如果你做每一件事都把眼光放到未来三年，和你同台竞技的人会很多；但是如果你的目光能放到未来七年，那么可以和你竞争的人就很少了，因为很少有公司做那么长远的打算。"

根据著名的10000小时定律，一个人只要在某一领域坚持努力做10000个小时，就能成为该领域的专家。

按照每天8小时计算，10000个小时需要4年。如果你愿意坚持7年，那么你一定能成为该领域顶尖的专家。前提是你确实是在持续不断地朝着目标进步，而不是混日子。

* * *

那么，我们该如何投资个人的核心能力呢？

首先，我们要清楚自己想要什么。

贝佐斯和张一鸣之所以能坚持长远目标，就是因为他们清楚地知道自己想要什么，才能无视周边无数的纷扰和诱惑，坚定地朝目标前进。

史蒂芬·柯维在《高效能人士的七个习惯》一书中提到一个确定目标的简易方法：设想你已经死了，在你的葬礼上，你的灵魂飘浮在空中，你最希望听到人们对你的评价是什么，那个评价就是你的人生目标。

在确定目标时，贝佐斯采用的是"逆向思维"方法。比如，在准备设计智能音箱ECHO时，他让设计团队完全抛开现有的技术和资源，撰写一篇在未来发布的新闻稿，里面可以充满科幻的细节，然后再要求团队根据未来的需求，倒推需要什么资源和技术，现在应该做什么。

这个方法告诉我们：不要问你现在拥有的资源能够让你做什么，而要问为了实现梦想，你需要去做什么。缺技术，你就去学，或者招揽懂技术的人；缺团队，你就去找；缺钱，你就慢慢攒，或者招募投资人；缺时间，你就去"挤"，或者耐心等；缺人脉，你就到处去找，用心经营；缺经验，你就去学习、体验……

看着现在的条件，你一定不敢有梦想，只会为失败找一堆理由；但心中装着未来和梦想，你就会为成功、为实现梦想找很多的方法。这也类似于马云说的一句话：普通人因为看见而相信，成功的人因为相信而看见。

其次，我们要舍得为梦想投资。

很多人都有梦想，却舍不得为此付出时间和钱，更舍不得放弃现在的其他机会。

我有一个同事喜欢上了打羽毛球，他打得很差，但是立志要成为高手。于是他买了最好的装备，花了很多钱请最好的教练，而且每天都要花两三个小时练体力、练技术。刚开始，他连我都打不赢，几个月后，他每次都以 21:1 的高分赢我。两年后，他拿到了系统内全国比赛的冠军。

你有创业的梦想，却把业余时间用来刷微博、微信、抖音，而不是去研究市场行情，调查客户喜好，学习与创业有关的知识和技能。你舍不得花钱去买有关财务类、管理类、投资类的书籍。

更关键的是，你现在可能已经是个公务员、国企职工、教师，或者任职于 500 强企业，舍不得这个饭碗。要知道，贝佐斯最开始也是放弃了华尔街某基金公司副总裁的职位，毅然决然开网店卖书的。

最后，我们要能够坚守梦想。

当你树立梦想的时候，肯定是这个梦想在某个时刻让你"怦然心动"，不能自已了。我们应该记住这个"怦然心动"的时刻，并把这个梦想和这种感觉都写下来，然后坚定地朝梦想前进。

纵使追求梦想的道路中挫折不断，诱惑不断，但我们永远都能记住那个时刻，这就叫作"不忘初心"。

贝佐斯的做法是对长远目标按季度"例行签到"。贝佐斯不仅要求自己这样做，也要求亚马逊的各个管理层也这样做。以此来评估他们对公司战略的热情是否始终如一，确保注意力不被那些稍纵即逝的"新机会"诱惑。

只有不忘初心，坚守梦想，才能足够自信，不被那些艰难困苦所吓倒，才能足够自持，不被那些所谓的机会迷惑。

"找到目标，舍得投资，坚持下去。"这就是贝佐斯的成功秘诀。人生还很长，现在开始学，还不晚。

做有准备的人，
打有准备的仗

在华为公司被美国无理制裁时，华为海思一封致员工的内部信在中国互联网"刷屏"了。在信中，华为海思的负责人何庭波女士表示：

此刻，估计您已得知华为被列入美国商务部工业和安全局（BIS）的实体名单（entity list）。

多年前，还是云淡风轻的季节，公司做出了极限生存的假设，预计有一天，所有美国的先进芯片和技术将不可获得，而华为仍将持续为客户服务。为了这个以为永远不会发生的假设，数千海思儿女，走上了科技史上最为悲壮的长征，为公司的生存打造"备胎"。数千个日夜中，我们星夜兼程，艰苦前行。华为的产品领域是如此广阔，所用技术与器件是如此多元，面对数以千计的科技难题，我们无数次失败过，困惑过，但是从来没有放弃过。

后来的年头里，当我们逐步走出迷茫，看到希望，又难免有一丝丝失落和不甘，担心许多芯片永远不会被启用，成为一直压在保密柜里面的备胎。

今天，命运的年轮转到这个极限而黑暗的时刻，超级大国毫不留情地中断全球合作的技术与产业体系，做出了最疯狂的决定，在毫无依据的条件下，把华为公司放入了实体名单。

今天，是历史的选择，所有我们曾经打造的备胎，一夜之间全部转"正"！多年心血，在一夜之间兑现为公司对于客户持续服务的承诺。是的，这些努力已经连成一片，挽狂澜于既倒，确保了公司大部分产品的战略安全，大部分产品的连续供应！今天，这个至暗的日子，是每一位海思的平凡儿女成为时代英雄的日子！

……

看完这封信，我们感慨华为无畏气魄的同时，更为华为的"未雨绸缪"而惊叹。"云淡风轻"的时候做出"极限生存"的假设，并且花费大力气坚定地执行应对措施。有这样的远见和战略定力，难怪华为能矗立于同行业之巅。

* * *

巴菲特的"黄金搭档"查理·芒格最喜欢的一句话：我只想知道将来我会死在什么地方，这样我就不去那儿了。

与普通大众的思维不同，芒格总是会反过来思考问题。

如果要明白人生如何才能幸福，芒格会首先研究人怎么才会变得痛苦；如果要研究企业如何做强做大，芒格首先会研究企业如何衰败；大部分人最关心如何在股市上投资成功，芒格最关心大部分人投资失败的原因。

芒格一生都在持续不断地搜集、研究各种失败案例，并且根据失败的原因梳理出一个清单。他每次做决策时，都要对照这个清单，这使得他无论做哪方面的决策都不会犯重大错误。

由于芒格谨慎的做法，他和巴菲特共同管理的伯克希尔·哈撒韦公司成为最成功的投资公司之一，根据普华永道公司发布的 2019 年全球市值百强企业排名，其市值高居第 5 位，高于中国的阿里巴巴和腾讯。

任正非 40 多岁创立华为公司，用 30 年的时间，从一个倒卖程控交换机的小公司，发展到今天年销售收入超过 1000

亿美元的全球顶级科技公司。

李嘉诚和芒格都已经 90 多岁，做实业或投资超过 50 年，他们各自掌控的企业历经各种经济金融动荡、市场风波，却依然屹立不倒。

与他们的企业相反的是，中兴公司因为自己的技术储备不够，被美国制裁时，濒临破产，不得不接受"耻辱条约"，才得以继续生存。还有无数的香港企业，由于对经济形势的估计过度乐观，在 1997 年亚洲金融危机发生时，银根断裂，一夕而亡。

1994 年，华尔街最老牌的"债王"麦利威瑟和一群顶级投资家、经济学家组建了长期资本投资公司——LTCM。创始人中，有两位于 1997 年获得诺贝尔经济学奖。

LTCM 成立后曾经创造了华尔街最惊人的投资业绩。可是，由于对风险估计不足，1998 年的俄罗斯金融危机让 LTCM 陷入危机，最终落得被收购的命运。

有没有对未来的风险做出预测和准备，结果差别如此之大，这不能不引起我们的警惕。

* * *

孟子说："生于忧患而死于安乐也""入则无法家拂士，

出则无敌国外患者，国恒亡"。这两句话中的道理不仅适用于国家，也适用于企业和个人。

不管是工作还是生活，我们都会面临很多的不确定性。

有没有想过，如果有一天我们工作的公司倒闭，或者因为业务下滑而需要裁员或降薪，我们该怎么办？体制内工作的朋友有没有想过，如果有一天上面要"精兵简政"，你有没有应对的措施？那些买股票、炒房的朋友有没有想过，如果类似"黑色星期五"或次贷危机的情况发生，你能不能承受这样的损失？

1929～1933 年的美国人，1997～1999 年的中国东北人，都曾经历过从繁华突然坠入困顿，多少人间惨剧因此发生。如果我们能在云淡风轻的时候，像任正非、李嘉诚、芒格他们那样，做一次极限假设，并且为此做好应对的预案，情况会不会好一点？

投资市场有句话："没有经历过几次周期的人，没有资格谈投资。"360 公司的创始人周鸿祎也说："没有经历过几次周期，没有经历过几个艰难的场景，不叫企业家。"

中国现在的"80 后""90 后"，经历了人类历史上少见的经济增长的超长周期，还从未遭遇过真正的波动，未经历过真正艰难的时刻。

但是，从历史发展的规律来看，我们一生必定会经历一次或几次剧烈的通货膨胀，或者是长期的经济紧缩，甚至还有可能是不可预知的战争或其他动荡。

我们今天要做些什么来为这样的极限假设做准备呢？其实，我们可以做很多事情，比如，多攒钱，结交更多有价值的人，购置可长期增值的资产，培养不可被别人替代的"撒手锏"，学习新的有用的知识，锻炼好身体，多做好事积累人品，少树敌……

可以说，有准备和没准备的人，将会收获两种不同的命运。

据《晋书·陶侃传》记载，东晋时有一位名叫陶侃的将军（他是陶渊明的曾祖父），在担任广州刺史的时候每天无所事事，就在房子里放了100块砖头，早上起床把砖头搬出门去，到晚上再把砖头搬回房间。

别人不理解陶侃的举动，就来问他。陶侃说："吾方致力中原，过尔优逸，恐不堪事，故自劳耳。"意思是，我以后还要打仗收复中原，现在太安逸了，到时候恐怕不堪重任，所以自己给自己找事做。那时陶侃已经60岁了。后来他被重用，带兵打仗立下大功，成为一代名将。

假设的事情并不是必然会发生，但是有一定的概率会发生。

《易经》乾卦第三爻说："君子终日乾乾，夕惕若厉，无咎。"意思是，君子每天都要自强不息，勤奋努力，并且要时时心存警惕，好像有危险要发生一样，这样才能避免灾难。

5

技巧

成功没有捷径，
但生活处处有技巧

摒弃假情商，锻炼真情商，
做真正的高情商者

如果一个人特别善于琢磨别人的心思，说的话和做的事总是让人感觉特别舒服，这个人算是情商高吗？如果另一个人根本不懂得琢磨别人的心思，说的话和做的事常常让人感觉不舒服，这个人算是情商低吗？

我们往往认为第一种人情商高，第二种人情商低。其实，当我们换一个标准来分析问题，我们对两个人的评价可能就会相反了。这个标准就是，你的目的是什么？你这样做有利于达到目的吗？

我的咨询公司有两个顾问，他们能力都差不多，但性格对比很明显。小W是公认的情商很高的一个人。他对谁都和气友善，永远不会和人起冲突。在担任项目经理时，他对客户的各种要求有求必应，与公司上上下下的关系都非常不错。

小Y则曾经被客户反映情商不高。他说话语气比较冲，有时会和客户起争执。担任项目经理时，对客户提出的不在合同范围的要求，他会毫不客气地拒绝，所以，很多客户都对他有意见。

但是，我对他们的评价是，小W的情商不如小Y。小W不太善于拒绝客户，既浪费了时间，又给团队增加了很多额外的工作，所以很多顾问都反映跟着他干活很累。但是跟着小Y干活就轻松很多。

小W跟的项目的客户常常拖延付款，小Y跟的项目的客户付款则很及时。因为客户都知道，给小W晚几天打款没事，小W不会一直催。而对小Y就不能这样了，因为如果没有及时打款，小Y会去找麻烦的。

就算小W常常是站在客户这边考虑问题，但是客户对小W的评价并没有对小Y的高。所以很多时候，并不是我们把客户当成上帝一样对待就是情商高，必要的时候，还是要强势一点。

* * *

可能有人会说，咨询是专业性的工作，对服务态度要求不高，对专业能力要求高。如果是服务型的工作，就必须以服务态度的好坏来体现情商的高低了，其实不然。

我们都见过喜茶连锁店的前面总是排着很长的队，如果只是为了让顾客满意，喜茶应该多开几个窗口，减少顾客的排队时间。但是喜茶并没有这样做，因为排队是一种营销手段。为了提高销售量，喜茶牺牲了顾客的服务体验。

餐厅也是一样，服务态度并不是最重要的。饭菜味道好或者地理位置好的餐厅，对服务态度的要求就没那么高。一些人流量大的餐厅甚至会用降低服务体验的方法来减少顾客停留时间，以便提高翻台率。

人也是一样。我们以销售为例：情商高的销售员是能够达成交易的销售员，而不是让顾客满意的销售员。顾客的类型有很多，销售方式也千差万别。

我在很多公司都发现，销售产品最好的销售员，并不是笑得最灿烂、最会说话、让顾客感觉最舒服的销售员。相反，很多"金牌销售"都是对顾客颐指气使、爱理不理的。情商高的销售方式，是最有利于达成交易的方式，而不是让顾客最舒服的方式。在商务或政治谈判中更是如此。

谈判高手往往并不是让对方如沐春风的人，而是让对方如坐针毡的人。让对方舒服不是情商高的体现，关键要看自己所做的一切最终能不能达成目的。

如果让对方舒服有助于达成目的，那你就让对方舒服；如果让对方不舒服有助于达成目的，那你就让对方不舒服。只有帮你达成目的的说话和办事方式，才是情商高的表现。

* * *

我们上面说的都是工作上的一些事情，其实，生活中的一些事情也可以用上面的这个道理来解释。

夫妻之间，婆媳之间，父母与孩子之间，并不是一味地让对方舒服就是情商高的做法。每个家庭成员都要学会控制自己的情绪，不能随便发脾气，破坏彼此感情。但也要学会在适当的时候告诉对方你的委屈、伤心，甚至愤怒。

家庭成员之间高情商的表现，并不要求彼此做出太多的牺牲和讨好。只有能让彼此关系融洽，有利于家庭稳定或感情加深的处事方式，才是真正高情商的表现。

在与人的相处中，向对方表达自己的情绪，也是有方法的。这里我们说一个 SBI 反馈法。S 代表情景，即 situation；

B代表行为，即behavior；I代表影响，即impact，用一句话表述就是，在什么情景下，你的什么行为让我有什么样的感受。

比如，你在外面参加一个重要的酒局，12点还没回家，你的老婆打电话说："你怎么还不回家，你一点都不关心这个家。"这时你千万不要说："我怎么不关心这个家了，我拼死拼活还不是为了这个家？"如果你这样说，只会适得其反。

正确的反馈方法是，你可以等老婆气消的时候对她说："昨天晚上我陪客户的时候（情景），你打电话说我不关心这个家（行为），我觉得很委屈（影响）。"

这个例子告诉我们，不要主观评价，只要客观描述，事情就可以慢慢解决。

很多人在与他人交往中，常常采取顺从对方、委屈自己的态度。而我们则会称赞这个人情商高，和谁都处得好。其实，这是典型的情商低的表现。

当你习惯性地顺从对方、委屈自己时，你的利益、感受就会被人忽略。因为你的容忍度高，当你不得不为自己争取利益的时候，就会很难办到。

你顺从了对方9次，第10次的时候突然反对，对方对你的怨恨比你反对对方10次还要大。你顺从了对方9次，第10次还顺从，对方认为理所当然；你反对了对方9次，第10次顺从，对方反而会感恩戴德。

所以，我们在与人交往的时候，不要一味顺从，要有自己的性格和脾气。你发脾气，是在告知对方你的边界。如果你老是发脾气，说明你的身边到处都是边界，别人就没办法和你交往，只能对你敬而远之了。

但是，如果你永远都没有脾气，别人就会觉得你没有边界，甚至不害怕突破你的边界，因为你没有脾气，于是也就不会注意你的利益和感受了。

所以，我们在与他人相处的时候，不要总是发脾气，也不要总是不发脾气。小矛盾，可以礼让，表示你的宽容大度；关键问题，决不退让，展现你的原则。

* * *

我把情商从低到高分为五个层次。

第一个层次——无意识地放任自己发泄情绪。

情商低的人，心智特别不成熟，总是会无意识地放任自己发泄情绪，心里没有"我这么做是想要达到什么效果"这样的意识。例如，有些父母看到小孩犯错误，就大发雷霆，又打又骂，却没想过这样做会对孩子造成多么大的伤害。

很多时候，父母对孩子的打骂行为，根本无助于孩子改正错误，反而会深深地伤害其幼小的心灵，为心理疾病埋下祸根。当然，这并不是说父母就不能批评孩子了。父母完全可以在情绪平稳的情况下，怀着明确的教育目的，用合适的方法去管教孩子。

职场上也一样。比如，领导看到工作推进不利，管理者看到员工业绩不佳，项目成员看到别的同事不配合工作，只会发火，而不去想怎么解决问题。

企业或者公司的带头人的发火行为，对于提升员工业绩、促进企业发展，没有任何益处。除此之外，还会导致员工离职率攀升以及其他各种问题。

第二个层次——无意识地压抑自己的情绪。

讨好型人格者常常会压抑自己的情绪，非常害怕和别人发生任何冲突。他们对别人的反应很敏感，说话做事只求让对方满意。他们把让对方舒服当成了目的本身，忘记了让对方舒服的目的是什么。结果往往是对方舒服了，自己的利益却受损了。

可悲的是，我们却常常称赞这种人情商高。当事人自己也认为这样做就会显得情商高，还为此沾沾自喜。殊不知，他们的牺牲和容忍就是别人理所当然地忽略他们、支使他们，甚至伤害他们的催化剂。

第三个层次——有意识地压抑自己的情绪。

在生活和工作中，我们会有无数次想要发脾气，这时我们会大吼大叫、摔东西、骂人，甚至打人。但是在绝大多数情况下，发脾气不能解决任何问题，反而会使问题恶化。

在商务和政治谈判中，有意识地压抑自己的情绪是必要的，不然，对方就会轻易地看穿你的底牌。

一个人只有学会了控制自己的情绪，才能真正谈得上成熟。当你学会了有意识地压抑自己的情绪，你才能真正对家庭关系、社会人际关系有一定的掌控能力。

第四个层次——有意识地发泄自己的情绪。

我们需要在适当的时候有意识地发泄自己的情绪，当然，一定要把握好发泄的时机和程度。

在职场上，我们更要学会表达情绪，适当的时候也要发脾气。一个永远和气友善且不与他人起冲突的职员是不可能进步的。因为有些领导会这样认为：不提拔别人，别人会闹出很多麻烦；不提拔你，你也不会怎样。

而且我们也会发现一个现象，职场中不会表达情绪的员工比会表达情绪的员工级别更低，薪水更少，拿到的奖金和荣誉更少。

在谈判场合，我们更加需要知道怎样表达自己的情绪，很多时候甚至要假装很生气。不会生气的人谈判能力一定不会太强。每一个谈判高手，都是一个会生气的"好演员"。

第五个层次——影响和控制别人的情绪。

情商高的人不光对自己的情绪收放自如，还能对别人的情绪施加影响。他们会用自己的情绪来影响对方，或者让对方哭，或者让对方笑。他们激发的未必都是让对方舒服的情绪，也有可能会让对方愤怒、伤心、恐惧等。

情商高的人对人性有敏锐的洞察力，并且有强烈的感染能力。他们往往不是在私人交往中让人感觉很舒服的人，但他们是最善于利用情绪达到目的的人。这样的人很可能成为宗教领袖、政治家、企业家和金牌销售员。

此外，世界上还有一类人的能力或者智商已经高到完全不需要在乎情商的地步了，如牛顿、爱因斯坦、乔布斯、马斯克等。与他们打交道是很不舒服的，但是我们能说他们情商很低吗？显然不能。情商很低的人，不可能达到他们那样的成就。

我们经常把一个人"会说话的能力""让人舒服的能力"当作高情商的表现，其实，真正的高情商是知道如何控制自己的情绪与影响他人的情绪，帮自己达成目的。

我们需要颠覆以往的思维观念，用新思想、新观念来指导自己的生活与工作。

　　讨好他人不是情商高的表现，而是典型的情商低的表现。一个真正高情商的人，不需要刻意让别人舒服，更不会一味地委屈自己。我们固然要学会控制情绪，但在适当的时候也应该学会发泄情绪。

　　请重新认识情商，摒弃假情商，锻炼真情商，让真正的高情商帮你搭建一个幸福的生活平台，为你的事业插上腾飞的翅膀。

刻意练习，
提升个人影响力

人的影响力有大有小，影响力大的人说的话总是更容易让他人接受，影响力小的人说的话非但不能让人接受，还常常会遭到他人的反驳。

我们每天都要和无数人打交道，有时候你需要听别人的，有时候别人需要听你的。你能不能影响他人，影响力有多大，往往决定了你拥有多高的自由度，进而决定了你的生活有多幸福，事业有多成功。

要想提升个人的影响力，我们应该理解并善于运用五个因素，这五个因素从低到高依次分为：威胁、利益、理性、感情、信仰。下面我们来依次分析这五层因素。

提升影响力的第一层因素——威胁。

如果一个陌生人突然跑来跟你要 1000 元，你肯定不会给。但如果对方拿着一把刀顶在你的腰上呢？我想你给的概率肯定会很大。

你为什么会把钱给这个陌生人呢？因为你害怕。陌生人利用你的害怕，对你实施了威胁。在威胁之下，你不得不听命于这个陌生人。

威胁，是最原始的影响力手段。我们不要小看这种方式，利用威胁对人施加影响，生活中无处不见。比如，有的爸爸会对孩子说："再不听话，我就揍你。"有的农村地区会在村里的墙上贴着标语：放火烧山，牢底坐穿。

恐惧是人最深层次的心理感受。不管是治理国家还是管理公司，抑或儿童教育、人际交往，无数的机制和做法都是利用人的恐惧心理来达成管理或者震慑人的目的的。我有个做商业竞争情报服务的朋友，他就曾碰到过类似的问题。

当时他们需要找某企业了解商业信息，为保险起见，他们兵分两路：甲去找 A 总监，乙去找 B 总监。甲申请了一笔经费，通过熟人辗转找到 A，找个借口请 A 吃饭，吃完饭后又请 A 去洗脚按摩，绕一大圈，还是没有问到想要的商业信息。

乙则简单粗暴，见到 B 总监的时候，直接用他魁梧的身躯挡在 B 的前面，目露凶光，说："你，给我过来！"然后揽着 B 总监的肩膀把他拉到角落，用不容置疑的语气最终问出了商业信息。

所以有时候，适当的威胁是直截了当的、高效的达到目的的手段。

在商业谈判和政治谈判中，威胁是常用的手段。如果我们能恰当地使用威胁的手段来提升个人影响力，那么将会花费很少的精力就能达到目的。

在乱世中，在黑社会里，在监狱里，威胁是最常用的提升影响力的手段。在和平年代，明目张胆地对他人施加威胁是不被允许的，也是不合法的，但是我们每个人的基因里都有着对威胁手段的深刻恐惧。所以，身材高大、强壮或者看起来就不好惹的人，比较容易影响他人。

此外，如果我们能代表某个有影响力的集体，那也能对他人造成威胁，或者影响他人。

当然，我们应该注意，利用威胁手段时要适可而止，不能违法，否则必将受到法律的严惩。

提升影响力的第二层因素 —— 利益。

假设你的脚受伤了，更不幸的是，你买的卧铺票是最上层的。因为脚受伤，上车后，你想和别人换一个下铺。但是，没有人愿意跟你换，这时你该怎么办呢？最简单的办法，就是加钱。

一般情况下，就算是补差价，别人也不会同意。但是你可以补双倍差价、三倍差价、四倍差价，直到对方同意为止。只要你补的差价够高，就一定会有人同意。

利益，是使用最广泛的影响力手段，在很多情况下，也是最有效的影响力手段。古语曰：天下熙熙，皆为利来，天下攘攘，皆为利往。今人曰：没有用钱解决不了的问题。这都是在说利益的重要性。

在现代市场经济中，大部分的事物都可以用金钱来衡量，利益的作用更是无处不在。在你觉得影响力不够的时候，不妨想想，是不是因为你的出价不够高。

当然，利益并非只是指金钱或物质，也包括名声、权力等一切能给人带来效用的东西。可以说，你能够给他人提供多大的利益，你的影响力就有多大。

提升影响力的第三层因素 —— 理性。

中国古代有所谓"纵横家"，如苏秦和张仪。他们都是一介书生，不会威胁别人，也没有足够的金钱可以收买别人，却凭三寸不烂之舌，行纵横之事，操控六国于股掌之中。他们就是用理性来提升影响力，操控他人。

人的思考能力有高低，掌握的信息有多寡，看问题的角度也各不相同，所以就会造成彼此想法或者做法的不统一。如果你能理性地思考问题，给对方分析利弊，指出怎样做才是对的或者怎样做才对其有利，就能够让对方按照你的想法行事。

理性的力量是非常强大的，甚至很多时候比威胁和利益更强大。因为，威慑和诱惑的力量来自外界，但理性的力量来自内心。如果你能让对方从内心想明白，对方就会积极主动地做事情，不再需要你推着或拉着走。

提升影响力的第四层因素——感情。

你家养的狗，什么都不做，只知道陪你玩，朝你摇尾巴，你就给它买狗粮，买玩具，搭狗窝，开车带它去郊外玩。

中国现在喜欢养猫的人越来越多了，人们并不指望猫抓老鼠，只是单纯因为喜欢猫。猫什么都不用做，就有人讨好它，给它买小鱼干，帮它铲屎，还骄傲地自封为"铲屎官"。

其实，狗和猫并没有说："你不给我买狗粮或小鱼干我就揍你。"它们没有钱，更不会讲道理，只是卖个萌，却成为

"主子"了。

一个弱不禁风的小姑娘，朝你撒个娇，或者掉几滴泪，你可能什么都愿意为她做。因为她俘获了你的感情，这是感情在生活中的影响力。

感情的力量太强大了，很多时候超越威胁、利益、理性的力量。在职场上，感情的影响力也很大。

对于很多销售人员来说，搞定顾客的一个有效方法就是多请顾客吃饭，寻找共同爱好，慢慢建立起感情。当彼此间建立了感情后，再谈及利益问题就会相对容易一些。

《三国演义》中，刘备只是一个卖草鞋的，没有钱，没有权，凭借什么让那么多人跟着他，而且不离不弃呢？他凭借的就是感情。

不管是桃园结义还是三顾茅庐，他和兄弟、军师结下了深厚的友情，这种感情至死不渝。所以关羽、张飞与他同生共死，孔明为他鞠躬尽瘁。

老话常说："先做人，后做事。"中国人做生意，习惯先交朋友，后谈正事。这就是充分利用感情的力量来提升影响力。

卡耐基很多著作的核心观点就是，做事之前要先培养感情。美国很多关于做生意技巧的书，也都在传授如何通过拉近与客户感情的方法来获得对客户的影响力。

为什么好的企业都有很好的团建文化？就是为了培养领导与员工之间、员工与员工之间的感情，增强彼此间的影响力，减少矛盾和摩擦。而且在很多时候，很多事情只有在彼此间拥有了感情的基础上才能完成。

感情对人的影响力更强烈，更持久，更具有内驱性。

提升影响力的第五层因素——信仰。

如果现在有人要你光着脚，饿着肚子，在雪地里爬着走，你愿意吗？如果有人给你钱，你也许勉强会同意。但如果你不仅拿不到一分钱，还要经常啃树皮，煮皮带吃，要走的路程是25000里，且有60%的概率随时死掉，你是否还愿意？

相信绝大多数人都不会愿意。但是，众所周知，有很多人都做到了。他们就是长征中的红军战士。他们之所以能克服这些艰难，完成25000里的长征，是因为心中有着对中华人民共和国成立的向往，有着共产主义的伟大信仰。

古往今来，最有影响力的组织是宗教组织或者各种"主义"。在这些组织信仰的召唤下，人们可以为了它做一切事情，甚至牺牲生命。

中国共产党在最初成立的时候，无数出身优越的知识分子就是在它的号召下，才投身其中，抛头颅，洒热血。所以说，信仰的力量是非常巨大的。

我们每个人都会为信仰而做很多事情，虽然每个人的信仰不同。有的人信仰基督教，有的人信仰佛教，有的人向往更开明的政治，有的人希望有更稳定的社会秩序……如果我们找到了对方的"情怀（信仰）"密码，就找到了影响对方的"按钮"。

在市场经济中，情怀或者信仰是很重要的价值资源。越是高端的人才，越不会轻易被别人影响，但是会为信仰而奉献。因此，一个好企业一定会建立自己的愿景，如阿里巴巴的愿景是"让天下没有难做的生意"。

蔡崇信愿意放弃百万年薪，领 500 元的工资，为马云工作。其中很大程度上就是因为受到马云内心的信仰力量的感召。谁能用好信仰的力量，谁就将具有最大的影响力。

并不是只有革命领袖或者宗教领袖才能运用信仰去影响他人，我们在日常生活和工作中，也可以运用信仰去影响他人。追星，其实也是因为信仰在起作用。

* * *

上面说的五层因素，主要是利用人性中的恐惧、贪婪、理性、情感和信仰的力量去提升个人的影响力，并影响他人。

并不是只有有钱、有权、有势的人才有影响力，只要能恰当运用上面说的五层因素，弱者也可以驾驭强者，下级也可以管理上级，穷人也可以指挥富人。

　　当然，我们想运用五层因素来提升个人影响力，还需要进行刻意的练习。

　　首先，要为能有效地使用五层影响力因素打基础。例如，你需要练就强壮的身体，或者树立言出必行的态度，或者成为某个威慑集体的代言人，等等，才能运用自身的能量或者能力去影响他人。你需要有一定的经济基础，并且会计算成本收益，才能用好利益手段。你需要经常学习、思考，多了解信息，才能做到理性分析。你需要先付出感情，才能获得感情，才能打好"感情牌"。你需要有坚定不移的信仰，并且通过锻炼写作、演讲的能力去感染、影响别人，才能用好信仰的力量。

　　其次，需要清楚在什么条件下使用哪一种因素。每一种影响力因素都有其适合的应用场景，你要因地制宜，因时制宜，因人制宜。

　　如果对方是吃软不吃硬的人，你想用威胁的办法来影响对方，只会起反作用。如果对方注重实际，你总讲情怀或者信仰，就不能对对方产生影响。如果对方是高端的人才，你一味强调薪酬待遇，对方就会觉得你很俗气，因为对方想的是为社会创造更大的价值。

最后，需要能够灵活地组合运用五层影响力因素。上面说的五层影响力因素是可以组合起来使用的。就教育孩子这件事情来说，父母既要多鼓励，也要立规矩，还要讲道理，更要有温情，同时又要通过言传身教让孩子树立好的价值观和言行规范。

在商业谈判中，有威胁，有利诱，还要交朋友，讲感情。

总的来说，我们每天都要与他人打交道，不是他人影响我们，就是我们影响他人。我们可以通过强健身体，提升气场，锻炼理性思维，强化情绪感染力，坚定信念，不断提升自己各方面的实力，并且不断地通过多种方法的综合运用，提高影响他人的能力。

职场中快速升职加薪，
三种思维必不可少

　　2019 年，"996" 这个话题引起了全网热议。所谓 "996"，是指早上 9 点上班，晚上 9 点下班，一周工作 6 天，也泛指需要经常加班的辛劳工作状态。

　　在程序员聚集地 GitHub 网站上，一群程序员发起了 "996.icu" 项目，以此抗议这种不人道的工作方式。ICU 是重症监护病房的简称，996.icu 的意思就是，工作 996，生病 ICU。

　　在微博上，"被 996 围困的年轻人" 也成了热门话题。人民日报、新华网、共青团中央等热门官方媒体都发表了相关的评论。

这个话题狠狠地戳中了那些为了生活而拼命、用青春换取明天的人们的心。更"戳"心的是，这些每天拼了命工作的人，发现自己每天辛辛苦苦地工作，却没有得到相应的回报。

他们被困在"996"的围城里，房租、房贷、医疗费用、育儿费用、养老费用等像大山一样压在身上，让他们喘不过气，却又无法逃离。

我想，很多时候，在"996"体制内工作的人可能缺少三种思维：功劳思维、成长思维、平台思维。

* * *

功劳思维——老板重视功劳而不是苦劳。

很多人不明白，自己这么辛苦地工作，工资为什么不提升呢？其实，很多人不知道，比起苦劳，老板更看重的是功劳。

所谓"功劳"，就是你能为公司创造多少业绩，解决多少难题。我们假设有两个业务员甲和乙，甲每天辛勤工作到半夜 12 点，周末都在给客户打电话，每月做 100 万元营收；乙每天 5 点就下班走人，周末根本不见人影，可乙一个月能给公司带来 500 万元的营收。如果你是老板，你会更看重哪个业务员呢？答案不言而喻。

所以，如果你想升职加薪，就必须认真思考两个问题：第一个问题，我做的事情对公司、对老板的价值何在？第二个问题，我怎样才能让老板看到我为公司做出的贡献？

针对第一个问题，我们应该明白，自己做的工作能对公司的发展起到什么作用。更要懂得，在做事情时，不要只低头拉车，还要抬头看路。

很多员工都只会"吭哧吭哧"地工作，工作干得很好，但在公司的整个业务版图中起不到一点作用。对老板而言，这就等于你什么工作也没有做。你做得再好，都是无用功。

所以，哪怕是最基层的员工，都要知道公司的长期战略是什么，部门的重点任务是什么。我们必须弄明白自己的工作到底是什么，能为公司带来多大的利益。如果我们不懂自己的具体工作是什么，可以向领导问清楚。

有些员工担心总是向老板问这问那会显得自己能力很低，也害怕老板会觉得烦。其实，老板反感的不是总是问自己问题的员工，而是没弄明白任务和要求就开始盲目地干的员工。因为你去问老板，可能只是耽误几分钟的时间；而你瞎干，可能会造成巨大的损失。

针对第二个问题，我们应该做的是，做工作总结的时候，不要只表述苦劳，更要表述功劳。比如，在做年度总结的时候，你告诉老板你做了多少事情，工作有多么辛苦，老板可能会很感动，夸你几句，但不会因此给你发奖金，涨工资。你必须阐述，在这一年里你为公司创造了多少价值。

例如，我们可以说，作为会计，我帮公司进行合法的税务筹划，让同等营收对应的总体税额比上年减少了10%，使得公司净利润增加了100万元；作为总裁办主任，我积极申请高科技企业补贴，在同行业同级别企业每年获得600万元补贴的情况下，通过我的努力，为公司申请到了1000万元补贴……

新东方的2019年公司年会视频中有一句吐槽的话：累死累活，干不过写PPT的。很多人都对这句话表示认同，这句话也说出了很多人的心声。为什么会干不过写PPT的呢？最主要的原因，是写PPT的会表功，而你只会诉苦。

辛苦不是涨工资的理由，功劳才是。功劳永远大于苦劳。所以，我们千万不要做只会苦干、不会立功的人，也不要做只会诉苦、不会表功的人。

* * *

成长思维——不成长，你就辛苦一辈子。

"996"的工作，确实很苦，但是比"996"更苦的是看不到尽头的"996"。要脱离"996"的围困，必须学习和成长。

很多人，因为忙于工作，没有时间去学习，能力永远停留在最初的阶段。还有些人，白天工作"996"，晚上回家"抖音快手666"。既不见他们学习，也不见他们锻炼，一份工作干了10年，能力和干了1年的人差不多，如此这样下去，升职加薪的机会怎么会轮到他们呢？

要跳出"996"，就要有资本，这个资本就是你的能力。工作能力并不会随着工作年限的增长而自然提高。有很多人，所谓的10年工作经验，只是一种工作经验用了10年而已。

人需要向前看，我们需要知道市场需要什么能力，自己还缺少什么能力，并有针对性地去练习。也许我们平时"996"的工作已经很累了，但是如果想改变，就必须对自己狠一点。再苦再累，也要抽出时间学习。工作中，不要只做让自己舒服的事情，要多做一些有挑战性的工作，不断突破自己的舒适区。

假如"996"是不可避免的，那我们就让这6天当中每一天的 12 个小时发挥出它最大的价值。如果一个人对人生没有长远规划的话，其生活就很难改变，"996"的辛苦工作也不会带来合理的回报。

成长中不付出辛勤的汗水，我们就无法有收获。我们不能用战术上的勤奋，去掩盖战略上的懒惰；不能用行动上的勤奋，去掩盖思想上的懒惰。请多花时间想一想，你未来要干什么，现在需要准备什么。

＊＊＊

平台思维——平台比努力更重要。

为什么同样是"996"工作，阿里巴巴、腾讯、华为员工的工资就比一般人要高？为什么一个人在小公司是"996"，另一个人在大银行是朝九晚五还有双休，而后者的薪水是前者的几倍？因为平台不一样。

马云曾经在南非的一个演讲中说："2007 年阿里巴巴 B2B 公司上市的时候，有 300 个同事都成了百万富翁。他们并不比别人聪明，也不比别人勤奋，相反，他们都是当时找工作没人要，流落到阿里巴巴的。"

可以说，这 300 个人之所以成为百万富翁，除了因为他们自身能力够硬，更重要的是他们在一个有潜力的平台上。

因为没人要，他们流落到阿里巴巴，由于阿里巴巴这个平台的成功，他们也相应地获得了成功。

选对平台，你的付出会把你带上巅峰；选错平台，你的付出会让你沉入低谷。所以，我们一开始就要有平台思维。如果注定要拼命，何不一开始就选一个好一点的赛道呢？

如果你发现你公司的老板没有远见，或者从事的行业没有前途，趁早走人，切换赛道。如果可能，请尽量到"北上广深"和"新一线"城市去，到移动互联网、新能源、人工智能和智能制造这些行业去，到那些既仰望星空又脚踏实地的"牛人"所创建的公司去。

雷军说："在风口上，猪也能飞起来。"我们不是老鹰，没有翅膀，想要飞，只能到起风的地方去。我们不能制造风，就要学会当追风者。

起风的地方就是我们的平台。如果你愿意努力，一定要在好的平台上努力，这样才能事半功倍，否则累死累活，还是会被人抛弃。

不要用"累死累活"来感动自己，要让"累死累活"来成就自己。当然，你想累死累活地成就自己，也一定要选择一个好的平台，这样才能创造更大的价值。一句话：选择比努力更重要！

　　所以说，如果我们无法避免"996"的工作模式，那就让我们从每一个"996"的工作中收获一些东西吧。要让自己的薪水和职位对得起自己的努力。

　　老板注重的是功劳而不是苦劳，所以你在工作时，要考虑功劳；在做总结时，要突出功劳。就算再忙，也别忘了学习和成长。工作中，要不断突破舒适区，在战斗中成长；闲暇时，不要只会玩手机，再苦再累，也要留出时间学习。

　　低头拉车时，别忘了抬头看路。当别人在努力爬楼时，高手正在寻找快捷的直梯；当别人还在抱怨"996"时，高手正在用"996"成就自己。

培养"中途退场"的实力，
人生多一份底气

朴树在录制音乐节目《乐队的夏天》的时候，录到一半，他突然对大家说："呃，我那个，到点了，我得回去睡觉了。"主持人马东先是满脸错愕，然后和现场观众一起大笑。朴树简单点评了一下选手，说："我岁数大了，回家睡觉了，走了。"然后和朋友张亚东打个招呼，就退场走人了，留下满场观众高呼"朴树，朴树……"

我看的娱乐节目不多，也只是听过朴树的几首歌，对他这个人不太熟悉。见到这一场景，我不禁感叹："这哥们儿真牛！"这么重要的场合中途退场，真的需要很大的勇气，但是朴树敢这样做。更"牛"的是，面对观众和摄像机，他没有用"家里有事""老婆打电话了"等作为借口，而是直接说："我岁数大了，回家睡觉了，走了。"

我刚参加工作的时候，业务上的应酬挺多的，常常要应酬到三更半夜。在这些应酬中，哪怕家里有事，我也总是陪着领导和客户到最后，不好意思中途退场。

其实现在看来，我在不在场根本不重要，因为我又不是活动的主角。但在当时，我总担心中途退场会让领导和客户对我有看法。

一直到后来，我做出了一些成绩，职位也得到了提升，和领导、客户也都比较熟了，我有事时才敢说："不好意思，家里还有事情，我先走一下。"

因为我知道，领导对我的评价，主要在于我工作干得好不好，而不是应酬时有没有坚守到最后。话说回来，如果领导只看重后者，那这个领导也一定不值得追随。

上面我们说的只是狭义的"中途退场"。其实，我们的人生，又何尝不需要"中途退场"的底气呢？2019年暑假热播的国产动画电影《哪吒之魔童降世》，其导演饺子就是在人生的关键时刻"中途退场"，在另一条道路上重新开始的。

饺子原来是学医的，因为兴趣，自学了动画，后来放弃了医生这么一个有前途的职业，专职从事动画制作。

要知道，饺子当时学医的学校是华西医科大学（现为四川大学华西医学中心），而华西医科大学是国内最著名的医科院校之一。饺子的"中途退场"，给他的生活带来了很多困难。

最难的时候，父亲去世，母亲退休，饺子专心画画没有工作，3年时间没有赚到钱，他和母亲每月就靠1000多元的退休金维持生活。直到后来他的处女作《打，打个大西瓜》横空出世，斩获无数大奖，他才终于翻身。

后来饺子又被动画公司看中，"死磕"5年，做出了《哪吒之魔童降世》这部好评如潮的现象级动画电影。如果饺子当初没有在学医的路上"中途退场"，又怎么会有后来这样的成就呢？

***

我们在人生的路上，常常需要做出"中途退场"的决定，这时我们就需要有充足的底气。这个底气来自三个方面：家底、实力和勇气。

第一，家底。

俗话说："钱是人的胆。"一个人拥有一定的家底，做决定时就会变得从容，要么可以考虑更长远的利益，不被当下的环境所逼迫，要么可以允许自己按照自己的意愿去行事，不必担心衣食无着。

让一个贫困家庭的孩子从一个很有前途的工作中"中途退场"，去做自己喜欢的事，很难。但是富裕家庭的孩子就可以不必考虑那么多事情，可以从容地"中途退场"，去追求自己的梦想。

第二，实力。

一个人要想从一个自己不喜欢的地方"中途退场"，还需要有一定的实力，这个实力包括能力、地位、名气等。朴树可以"中途退场"，观众还叫好，是因为他有这个实力。如果换一个普通歌手，可能会被骂得很惨。

饺子可以"中途退场"，也是因为他有做优秀动画的实力，如果他做出来的东西很"烂"，那就没有必要从医学的道路上"中途退场"。

有些时候，"中途退场"可能不是我们自愿的，可能是被迫的，那就更需要有实力了。

如果一个人没有实力，还要被迫"中途退场"，那人生就会很惨。

就像有一段时间，新闻中出现的一位中年大姐，她年轻时当高速公路收费员，36岁时收费站被裁撤了，她被迫"中途退场"。由于没有任何做其他事情的实力，她只好痛哭流涕地向电视台控诉："我把青春都献给了收费站，现在除了收费啥也不会。"

所以，不管你现在的工作怎么样，你都需要培养自己"中途退场"的实力，永远让自己多一份底气，多一个选择。

第三，勇气。

不管是狭义的"中途退场"还是广义的"中途退场"，都需要很大的勇气。在节目上中途离开，需要面对万千观众和粉丝的不理解；在饭局上中途离开，需要面对领导和客户的不爽；在一个职业上中途离开，需要面对未来无限的不确定。

我们今天只看到朴树敢"中途退场"，却不知道他因为这样的性格和做派吃尽苦头，以至于说过"生活就像炼狱一样，特别难熬"这样的话。

我们今天只看到饺子拍《哪吒之魔童降世》的成功，却不知道他曾在三年的时间内与母亲艰难度日，生活都快维持不下去。

所以，"中途退场"，既要面对别人的冷嘲热讽，又要面对未来的不确定，这时我们一定要有非常强大的内心，才能坚持下去。

人生就是一场场的节目，一个个的饭局。我们总会有想要"中途退场"的时候，也许是因为"家里有事"，也许是因为"我不喜欢"，也许就是因为"我累了，想回家睡觉"。但是，不是谁都能做到想退场就退场的，你必须有一定的家底、强大的实力和非凡的勇气。如此，你才能够有底气说一声："不好意思，我先撤了。"

因为相信，
所以看见

"因为相信，所以看见"，这句话由于马云而被人所熟知。马云的成功，也给这句话做了最好的注脚。

时间闪回 20 世纪 90 年代，当马云以英语老师出身，投身于互联网行业，成为电子商务先驱的时候，有几个人认为他能够成功呢？

大多数人，都认为马云说的话不可信，还有人认为他是搞传销的。我们看到，在记录马云早期创业历程的视频里，他满脸都是被人拒绝和质疑的无奈。但是马云坚定不移地朝这条路走了下去，吸引了一批人跟随他，渐渐地有越来越多的客户和消费者开始相信他，无数的资源向他聚拢，直到今天发展成无比庞大的阿里帝国。

如果我们不了解马云的创业历程，就很难理解这句话——"因为相信，所以看见"，更别说去践行。

大多数人的思维是，一个见都没见过的东西，如何能让人相信？这个思维模式，决定了大多数人的行为模式：先看自己拥有什么，然后再根据现有的条件去设定目标。这样做，能够让人获得确定感，因为所有事情都在自己现有能力掌控的范围之内。所以对大多数人而言，只有这样才能安心。但也正因为如此，我们能达到的成就天花板实在是太低了。原因就在于，个人现有的资源和能力终归是有限的，如果以此来设定目标，这个目标自然高不到哪儿去。

马云并不是"一个人"，他其实代表着一类人。这类人的名字还包括玄奘法师、乔布斯等。他们这类人做事的习惯是，先看自己想要什么，然后再去创造条件实现这个目标。他们想要的东西，可能很大很大，大到普通人无法想象。所以当他们说出那个目标时，总是会遭到质疑，甚至嘲笑。因为人们从现有的资源和条件出发，看不到任何成功的可能性。

当那个手无缚鸡之力的和尚乘着一匹马从长安城出发时，没有人相信他可以走到天竺，取回真经；当那个性情古怪、脾气暴躁的叛逆者回到他曾被赶出的苹果公司时，没有人相信他能通过一款小小的手机，为人类开创一个全新的时代。

但最后，他们都成功了。

尽管出发之时他们一无所有，但在路上，他们不断地找到志同道合的人，不断地提升自己和团队的能力，不断地整合各方面的资源……他们把一个想象中的、看起来遥不可及的未来，"无中生有"地创造了出来。

* * *

从"我能做什么"到"我想要什么"，是一个很大的转变。如果你以前从来没有意识到这一点的话，你的人生可能已经走了很多弯路。如果今天意识到了，却仍然不能转变，你的未来可能还要再走很多弯路。

当你每天想的只是"我能做什么"时，你可能会错过那些对你的人生真正重要的东西。

谈恋爱，你只会找你认为自己"配得上"的，而不是自己真正喜欢的，最后和一个条件凑合，但是却不能让自己感受到激情的人过一辈子。

买东西，你只会挑选你认为"划算"的，而不是自己真正想要的。你可能吃了二三十年的苹果，却从来都不知道一个真正美味的苹果，应该是什么味道；你可能穿了二三十年的内衣，却从来都不知道一件真正优质的内衣，穿上去有多么舒适。所有这一切，固然取决于你的财富、实力，但也取决于你的消费观念——例如，很多人情愿用5元钱买5个味道一般的苹果，也不愿意用10元钱买一个味道很好的苹果，因为他在乎的是"我能负担什么"，而不是"我想要什么"。

找工作，你只会选自己的专业和证书限定范围内的行业，而从来不问自己真正想干什么。最后，你干了一辈子自己不喜欢的工作，从来没有从工作中享受到任何乐趣。人生三分之一的时间，都被你用来体验痛苦、吐槽公司、埋怨老板。

创事业，你只会做自己的能力和资源范围内能做的那些，如果运气好，家境富裕一点，资源丰富一点，你也许能赚一点钱，但是你永远感受不到干事创业的真正乐趣，永远无法把事业做大。

而如果你想的是"我想要什么"时，事情会发生怎样的变化呢？

谈恋爱，你会大胆追求内心真正喜欢的人，并努力提升自己的才华、形象和实力，去匹配他／她。

买东西，你会摈弃"什么最划算"的思维，节省很多因为贪小便宜而浪费的钱，用于尝试能给自己带来美好体验的物品，并以此为激励，让自己更加努力地去挣钱，以便有资格更好地享受生活。

找工作，你会首先确定一个自己喜欢的行业，并且努力学习这个行业所需要的知识，结交这个圈子里的人脉，最终你将具备进入这个行业的能力和资源，并得到自己心仪的工作。

创事业，你会想好公司的使命和愿景是什么，然后去招纳相关的人员、学习相关的知识、开拓相关的人脉，充满热情地创业。由于你的强烈信念和激情，员工、客户和投资人，都更容易被感染，成功的要素会自动向你聚集，你会更容易把事业做大。

所以你看，这个世界，从一开始就分为两类人：一类人天天想的是"我能做什么"；另一类人天天想的是"我想做什么"。而人生的残酷就在于：如果你不为自己想做的事情而奋斗，就会有人雇佣你为他想做的事情而奋斗。

* * *

也许你会说："谁不愿意做自己想做的事？可是失败的概

率很高啊。追喜欢的女孩可能会追不上，买想要的东西可能买不起，找喜欢的工作可能找不到，创梦想的事业可能创不成。"这个问题确实存在。谁也无法保证，你想要的东西就一定能得到。况且，有些东西本来就非人力所能及。例如：时间倒流，超光速飞行，等等，那已经超越目前人类对宇宙物理规律的认知边界，不是本文说的可以成为我们人生目标的那一类事情。

我们说的是，通过提高自身能力，寻找各种帮助，整合各种资源，在理论上可以达到的彼岸。追喜欢的女孩、买想要的东西、找喜欢的工作、创梦想的事业，这些都是人力所能及的。古往今来，无数人都做到了。

既然别人可以做到，为什么你不能？为什么你一开始就认为自己会失败？如果连尝试都没有尝试，努力都没有努力，你就这样想，是不是有点对自己的人生太不负责？

本来你的人生可以有无限可能，但就是因为害怕失败，因为不愿努力，所有的可能全都变成了绝无可能。那你有什么好抱怨命运不公，有什么好羡慕别人功成名就的呢？从一开始，你就已经选择了结局。

当然，我也不是说，一个目标在理论上可以实现，在现实中就一定能够实现。如果你是一个好高骛远的人，定了一个过于远大的目标，每天也不为此投入什么，然后看了笔者这篇文章，拍着大腿说，"讲得太好啦！我就是那个不管现实条件、只管我想要什么的人！我的梦想终有一天会实现！"我只能说："你想得太美了！"

要履行"我想做什么"的人生哲学，不是空想一下就行，你需要付出与之匹配的努力，承受与之相应的苦难。

你需要把自己的整个生命都投入到上面，每时每刻想的都是这件事，做的都是这件事。

你需要不断地在脑海中构建事情成功以后的样子，越清晰越好。稻盛和夫认为，当你把愿景在脑海中描绘得越清晰，实现它的路径也就会越清晰，你的动力也会越强。他就是这样创办了京瓷和 KDDI 两家世界 500 强企业，并让日航起死回生。

你需要不断地在目标和现实之间构建连接的路径，越具体越好。两点之间，必有一条路径相连，你要做的就是把这条路找出来。

你需要不断思考，要达到目标还欠缺什么条件，从而去不断地创造条件。如果是缺能力，你就去锻炼能力；缺人脉，你就去开拓人脉；缺资源，你就去寻找资源。如果你已经万事俱备，只是欠缺一个机会，那你就不断查漏补缺，做好万全的准备，等待机会到来。

更重要的是，你需要马上行动，而不是让这件事一直停留在脑海中。想得再好，不行动都等于零。

在行动过程中，你还需要坚定不移地朝着目标前进，遇到困难不退缩、不逃避，咬着牙坚持下去。就像马云说的，野猪来了，普通人是打光了子弹掉头就跑，而企业家是拔出柴刀继续扑上去拼命。

如果你想做的事情是一个伟大的事业，那么你还需要找到足够多、足够牛的人来帮你，并且善于聚拢大量的、关键的资源为你所用。而要找到这些人，要靠你自己坚定不移的信念，以及已经付出的努力和已经得到的成绩，以此获得别人的信任。

只有做到这些，你才算是真正地在"做我想做的事"，而不仅仅是"想做那一件事"。

真正做到这些的人，哪怕最终没有成功，整个过程中他也是无比享受的，他们更容易从中感受到充实与幸福，不会觉得虚度了光阴。

古往今来，凡是成就非凡事业的人，无一不是先有一个伟大的目标，然后再为实现这个目标去创造条件。而就算是普通人，那些过得幸福和充实的，他们也无一不是在生活中有明确目标，能够朝着自己想要的目标前进的人。

不管是想成就一番伟业，还是想过幸福的小日子，如果你能多问问自己"我想要什么"，而不是一直纠结于"我能做什么"，那么你的人生就会截然不同。

这个世界，绝大多数人都在纠结于条件，只有少数人能专注于目标。也许正是由于这一个差别，才有了平庸与卓越、迷茫与充实的分野。

你选择走哪一条路呢？

6 进阶

攀登生命高峰，
要自立，更要借助外力

谁的人生不迷茫，
重要的是如何战胜迷茫

　　你是不是曾经有一段时间，每天不知道该做什么，总觉得痛苦不堪？你是不是每周有五天都不想上班，从周一就觉得日子好黑暗，可是却不知该怎么办？你是不是发现人到中年，周围人一个个都比自己有钱，老婆天天抱怨，而你的事业永远看不到明天？

　　我们把这些状态叫作"迷茫"。

　　有句话说得好，谁的青春不迷茫？别说正青春者，就是中年人，也常常会陷入迷茫之中。但是，有人在迷茫中迷失了自己，有人从迷茫中走出来，闯出了一片新天地。前一种叫普通人，后一种叫高人。普通人还在继续迷茫，而高人已经攀上人生巅峰，或者正走在通往巅峰的路上。

* * *

今天我们从三个层次讲应对迷茫的方法。这三个层次的选择，将决定你人生的高度。

第一层次：与迷茫为伍，培养好习惯，重塑底层系统。

一个人开始迷茫，往往是由无聊开始，然后慢慢陷入焦虑，接着变得恐慌，最后越来越痛苦。如果你已经麻木了，那说明你已经迷茫太久，放弃了挣扎，就像那只在温水里的青蛙。

当你决定要改变时，不要着急，别指望一下子就能赶走"迷茫"，那是第三层次的事情。

现在，先专注于第一层次，做一些容易做的事。请你从今天开始，做三件事情：一是把闹钟调早 10 分钟；二是睡前做 10 个俯卧撑或仰卧起坐；三是每天阅读 10 页书。

你只要做这三件事情就行了，不必做别的，也不必做更多，不必做很长时间，只要一个月就好。大多数人在迷茫时，也努力改变了，但他们失败了，最大的原因就是贪得多。我们不要贪多，就这些就好。

我为什么要你做这三件事，而且只做这三件事呢？因为，这三件事分别代表作息规律、坚持锻炼、持续学习。它们决定了你的时间管理的有效性、身体健康程度以及进步的持续性。

每天早起10分钟，意味着你不用像打仗似地洗脸、刷牙化妆、吃早餐、赶地铁，你完全可以从容很多，化妆化得更精致，早餐吃得更精细。而且提前5～10分钟到公司，比踩着点上班，给老板和同事的感觉完全不同。

每天做10个俯卧撑，坚持下去，你的肌肉就会发生改变。而且，你能轻松完成任务，获得愉悦感，而不是制订做100个俯卧撑的目标，结果完不成，每天觉得自己罪孽深重。

每天阅读10页书，一个月可能刚好看完一本，你获得了新的知识和启发。而且，只读10页，不累，还可以精读。

请记住，不要太贪。我们做这三件事，不是为了它们本身能带来多少好处，而是为了一个更重要的目的：养成良好的习惯！

如果第一个月你坚持下来了，就会获得成就感，而且觉得非常简单——因为确实很容易做到。那么，你再尝试第二个月，可以稍微加一点码。

例如，晚上提前12分钟放下手机，睡前做12个俯卧撑，每天看12页书。第二个月坚持下来了，你可以再尝试第三个月、第四个月……

习惯的改变，不在烈度，而在于持续性。不管多么脱胎换骨的改变，都可以从很小很小的完全在自己能力范围之内的地方开始。习惯，就是你的身体与思维运行的底层系统。当你形成了一些好的习惯时，一切都会慢慢改善。

这一层次的核心要点，就是要循序渐进，别给自己太大的压力，千万要避免那些宏伟的目标，只要小小的就好。

＊＊＊

第二层次：与迷茫作战，从身体到思维全方位提升技能。

苹果公司创始人乔布斯，年轻时很迷茫，不知道干什么，结果想了一圈，跑去学书法！

要知道，乔布斯所在的国家是美国，他们学的是英语，学书法好像没有什么用处。于是后面10年，这些知识除了能在写情书时凸显格调，其他时间都没啥用。

那么，乔布斯为了打败迷茫，花在练字上的时间浪费了吗？并没有。

乔布斯若干年后在斯坦福大学演讲时回忆："10年之后，当我们在设计第一台麦金托什电脑的时候，它就回归到我身边。我把当时我学的那些家伙全都设计进了Mac，那是第一台使用了漂亮的印刷字体的电脑。"

实际上，如同乔布斯练书法一样，有很多事情，现在看起来没用，但是以后肯定会对你有帮助的。如果你很迷茫，不知道干什么好，你至少可以先开始干一些绝对不会错的事情。例如：

1.工作技能：演讲、写作、书法、PPT、外语、编程、心理学、经济学、财务管理、企业管理、时间管理、思维导图、广告设计、营销技巧、商务礼仪、着装规范、化妆……

2.生活技能：烹饪、茶道、品酒知识、时尚穿搭、理财知识、营养搭配、养生保健……

3.娱乐技能：吉他、合唱、民乐、素描、插花、跳舞、陶艺、雕刻、剪纸……

4.体育技能：羽毛球、网球、高尔夫、篮球、瑜伽、滑板、跑酷、游泳……

和第一层次的要求一样，不要贪多，先选择其中一两样开始学（注重类别搭配，每一个类别只选一样）。而且，要学就沉下心来，学精、学细，争取学一门会一门，不要狗熊掰棒子，捡起这个丢掉那个。

当你开始做这些事情时，你就会感觉没那么痛苦了，甚至可能已经忘记迷茫这回事了。更重要的是，你的人生方向或许就藏在这些技能里面。

如果你在学习某一方面的技能时特别开心，而且进步神速，也许，那就是你未来应该从事的方向。或者，你虽然喜欢，但是进步慢，也没关系，就当作一个业余爱好，一直做下去，调剂一下生活，也能让你幸福很多。

在第二层次上，我们还需要用到时间管理四象限法则。不要被"时间管理四象限法则"这个名字吓到，其实这个法则很简单，就是把你要做的事情列一个清单，然后根据重要性和紧急性，按照四个区间分门别类（图 6.1）。

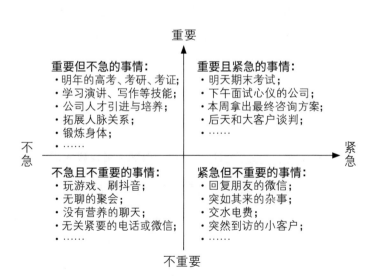

图 6.1 时间管理四象限法则例图

这里我们需要重点关注第二象限（左上角区域）：重要但不急的事情。这些事情，对我们的未来是非常重要的。但是，由于实在太久远了，或者短期根本看不见效果，很容易就会被我们的健忘症"杀死"，或者被拖延症"拖死"。

按照时间管理四象限法则，对于重要但不急的事情，应该制订明确的计划，按部就班地坚决执行，才能治得住健忘症和拖延症。

这个时候，我们第一层次训练出来的良好习惯就要派上用场了。利用你的好习惯，去尽心"浇灌"几个新技能，让你从身体到思维，从内到外，都焕然一新，准备好迎接更高的挑战。

* * *

第三层次：与迷茫再见，打破死循环，解决根本问题。

迷茫的本质，是战略目标不明确和战略路径缺失。换句话说，就是我要去哪里？我怎么去？第三层次我们重点解决"我要去哪里？"这个问题。至于"我怎么去？"这个问题，请参考第一、二层次。这里，我们提供由浅到深的三种办法。

人生道路选择方法一：标杆法。标杆法，顾名思义，就是找到一个人生标杆，或者说榜样，然后向他／她学习。

我们不知道该走什么路，往往有两个原因，一是不知道有哪些路，二是不知道这些路上有哪些风景和荆棘。这时候，我们可以看看那些我们佩服的成功人士，他们都是怎么选择人生道路的，他们的人生路上究竟是什么状况，他们是怎么走的。

前面说到每天看10页书。迷茫时，最需要读的书，是名人传记和企业家创业故事。看名人传记的好处，就是可以看看世界上都有哪些路，路上的风景如何，别人是怎么走的。

小米公司创始人雷军，当年正是因为看了《硅谷之火》，激动得几天几夜睡不着觉，立志一定要走计算机和互联网这条路。这一走，就是一辈子，越干越起劲，越干越成功。所以，不知道往哪走时，最好的办法就是跟着"牛人"走。

人生道路选择方法二：三维度交叉法。世界上的专业和职业虽多，但值得我们选择的只有三类：我喜欢的、我擅长的、能赚钱的。如果这三个标准都不符合，那你绝对不应该选择。最好的选择，是三个都符合。下面我们来看一下三维度交叉法例图（图6.2）。

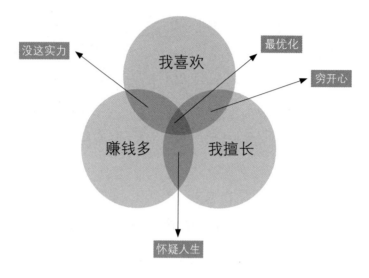

图 6.2　三维度交叉法例图

　　喜欢又赚钱多，可是你不擅长的，人家不会要你，得等你培养出擅长的实力才行；喜欢又擅长，可是不赚钱的，你只能穷开心，可能连自己也养活不了；擅长又赚钱多，可是你不喜欢的，你会越做越难受，渐渐开始怀疑人生，怀疑自己存在的价值和意义。

　　要三个维度都符合的，就更难了。那怎么办呢？我建议可以来个"六步走"：

　　1. 先把所有的职业（专业）列一个清单。

　　2. 在里面选出你最喜欢的。

3.钻进去好好学，让自己变得有点擅长。

4.凭着"有点擅长"，在这个领域找到一份工作。

5.不断练习，让自己变得很擅长，成为该领域的专家。

6.凭着专家的实力，赚很多钱。

用这"六步走"的方法，从短期看，你可能会损失一些当下能赚到的钱，或者非常累（假如利用业余时间学习）。但是从一辈子的角度来看，这样才是最合适的道路，也是最容易一直保持前进动力的道路。

所以，这不是一条适合每个人的路，它只适合能够承受得住短期损失，或者能够吃苦的人。

人生道路选择方法三：战略选择法。有一个最常用的战略选择工具，叫作 SWOT 分析，也就是从公司或个人的优势、劣势、机遇、威胁 4 个角度来分析问题。

如果你想知道自己是否适合某一个行业、工作，请拿一张纸、一支笔，写上优势、劣势、机遇、威胁这 4 个标题。然后，分析你自己的情况，和你所在岗位、公司、行业的情况，在标题下面填上你的分析结果。

我以"何加盐是否适合做自媒体"为例，做一个分析示范（图6.3）。

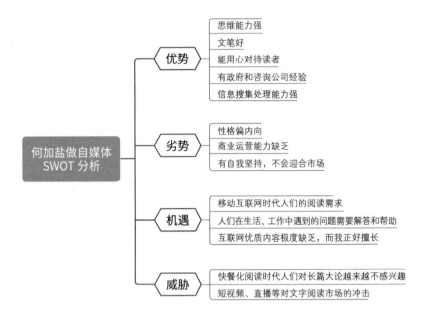

图 6.3　何加盐做自媒体 SWOT 分析

　　经过分析，我发现，何加盐的优势可以和市场机遇很好地结合，而劣势对做自媒体要么影响不大，要么可以慢慢克服，要么可以通过与人合作来弥补。虽然有一些威胁，但是还不足以对市场造成颠覆性的影响。

　　最终结果是，何加盐非常适合做自媒体，早就该入场了。

　　于是我选择了这条路，事实证明我确实走得很好。开号（微信公众号）第 5 天，在零粉丝冷启动的情况下，就写出了阅读量86万的文章，创造了当时业内一个小小的奇迹。到现在，已经有了35万用户，和一点点名气。

这个方法不一定适合所有人，因为它要求有一定的思维和分析能力。你需要能对自己的优势、劣势有准确认知，对市场的机会和风险有较为系统的判断。思维和分析能力较强的朋友们，不妨试一试。

人生道路选择法除了这三个以外，还有很多，例如，史蒂芬·柯维的"葬礼幻想法"：幻想你已经死了，在你的葬礼上，大家在对你盖棺定论。这时候，你最希望听到别人对你的评价是什么？这个评价，才是你生命中最渴望的成功，也是你一生应该追求的事业。

还有一个是摩西奶奶的"我就喜欢法"。摩西奶奶是一位美国人，她77岁才开始学画画，后来成为著名画家。在摩西奶奶100岁那年，她收到一封信，一个日本年轻人说自己人生迷茫，不知道该干什么。摩西奶奶告诉他："做你喜欢做的事，上帝会高兴地帮你打开成功之门，哪怕你现在已经80岁了。"后来这位年轻人辞去了外科医生工作，开始写作生涯，他就是渡边淳一，日本最富有、最有名的作家之一。

上面说的所有方法，你可以根据自己的情况来选择，总有一款适合你。愿你找到一生所爱，不再迷茫。

人生最好的机会，
往往存在于弱关系中

2018 年，拼多多创始人黄峥首次进入福布斯中国富豪榜，以 776.3 亿元身家一举冲到第 12 名，紧跟在老前辈丁磊（第 10 名）和雷军（第 11 名）之后，远在老前辈刘强东（第 30 名）和周鸿祎（第 45 名）之前，成为当年最大的黑马。

这位出生于 1980 年的杭州普通工人之子，白手起家，仅仅用了 3 年时间，就创造了这样一个奇迹。"80 后"成功者很多，但是像他这么成功的不多，他是怎么做到的呢？

黄峥出生于普通的工人家庭，没有家族的力量可以依靠。

他的一切成就完全来自个人努力，而成功的关键只在于 3 个字：弱关系。

所谓"弱关系"，就是除亲戚、老师、同学及早已熟识的朋友之外，与你通过网络或其他方式结识的只有微弱联系的陌生人，如网友，一面之缘的饭友、酒友、K 友、驴友，曾有业务往来但交往不多的客户，学校隔壁班的同学或其他届的校友，同一栋写字楼其他公司的点头之交，等等。

弱关系中的关系很弱，但是在我们找工作和生活的重要关口，往往能发挥比亲朋好友更大的作用。

1973 年，美国社会学家马克·格兰诺维特提出了弱关系理论。他的研究表明，通过人脉关系找工作的人中，在强关系帮助下找到工作的人占 31.4%，在弱关系帮助下找到工作的人占 68.6%。

2002 年，黄峥在寝室上网，通过 MSN 添加了一位陌生网友。这位网友向他请教一个技术问题。黄峥学的是计算机，平时喜欢在网上发一些文章，这位网友恰巧看到了。黄峥帮网友解决了问题，网友非常感谢，顺手给了黄峥一点小小的回报，而这改变了黄峥的整个人生。这位陌生网友名叫丁磊，是网易创始人。

丁磊之于黄峥，就是典型的弱关系。黄峥帮助丁磊解决技术难题后，丁磊出于对黄峥的欣赏和感谢，把黄峥引荐给自己的一个朋友。这个朋友名叫段永平。

段永平与黄峥之间，是弱关系转介绍的关系，更是弱关系。黄峥到美国求学时，他们才第一次认识，后来，段永平成了黄峥的人生导师。

2006年，段永平以62万美元买下和巴菲特共进午餐的机会，可以带一个人同行，他带了黄峥。在黄峥的就业和创业过程中，段永平无数次指点、出谋划策，甚至出资。黄峥今天的成功，与丁磊和段永平脱不开关系。

这个时候，原来的弱关系，已经转化为了超强的强关系。但这种关系的起源，就是最初MSN上的一个好友申请。

* * *

马云更是运用弱关系的大师。十几岁的时候，他就跑到街头搭讪外国友人。其中一位友人Ken Morley，后来在马云求学期间资助了他，并在马云结婚时帮忙买了房子。不过最大的帮助，是改变了马云的人生。

1985年，在Ken Morley的帮助下，马云得以去澳大利亚旅游。多年以后马云回忆："澳大利亚之旅改变了我，我没法形容这改变。在纽卡斯尔的29天，在我的生命中至关重要。

没有那 29 天，我永远不会像今天这样思考。当我回到中国时，我完全是另外一个人了。"

摩拜创始人胡玮炜在弱关系的聚集和转化上更值得我们学习。作为记者，她有天然的渠道接触无数的弱关系。但是，"80 后"记者那么多，为什么只有她成为"富姐"？关键就在于她能把弱关系维系住。

采访一个人容易，采访之后，那个人还愿意搭理你，难；采访之后，那个人愿意出钱、出精力、出主意来帮你，难上加难。但胡玮炜做到了。

投资人李斌，易车和蔚来两家上市公司创始人，有钱有思路，什么都想好了，只等一个人来执行，为什么选择了胡玮炜呢？因为她有聚拢弱关系的能力。而组建团队正是创业必不可少的关键能力之一。

胡玮炜在做摩拜之前做 GeekCar，她专门租了一个四合院，用于办沙龙。夏日夜晚，花毛一体，啤酒任喝，邀请汽车行业的工程师、科学家、爱好者、从业者聚会，每晚高朋满座，思想火花四溅。后来解决了摩拜设计和技术难题的王超，就是这些人中的一个。

没有结识弱关系的渠道，就自己寻找。没有聚拢弱关系的平台，就自己搭建。这就是为什么马云能成为首富，胡玮炜能远远超越同龄人的原因。

2010 年，Nathan Eagle、Michael Macy、Rob Caxton 在《科学》上发表了论文 *Network Diversity and Economic Development*（《社交多样性与经济发展》）。三位研究者拿到 2005 年 8 月英国的所有通信数据，从中分析 30000 多个小区居民的人脉关系网络。研究结果如下（图 6.4）。

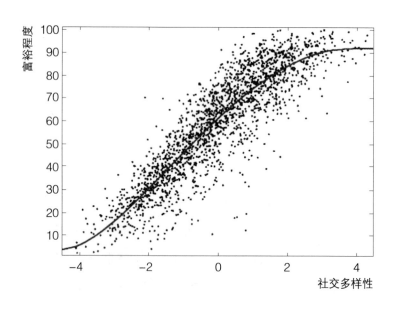

图 6.4　英国 30000 多个小区居民的人脉关系网络图

图上每个点表示一个小区，纵轴表示富裕程度，横轴表示社交多样性。数据非常明显，富裕程度排名越高的小区，社交多样化程度越高。换句话说就是，富人比穷人更会经营弱关系。进一步的研究表明，越富的人，联系的人数越多，跨越的阶层更大，涉及的地域更广。

人生最好的机会，往往就存在于弱关系之中。所以，如果你觉得机会少，可能就要反思一下，是不是因为没经营好弱关系。

我们很难说清楚是因为富有才拥有更多的弱关系，还是因为更多的弱关系才富有。

但显而易见的是，整天只和自己的亲戚、朋友、同学打交道，你接触新的信息和各行各业优秀的人的概率，一定远远小于那些经常和陌生人打交道的人。因为，弱关系理论的本质，不是人脉，而是信息的传递。

牛津大学教授罗宾·邓巴的研究表明，人的大脑新皮层有限，认知能力只够维持最多150人的经常性交往，这叫"邓巴数字"和"150定律"。这个定律决定，你的强关系上限就是150人，此外都是弱关系。

每天围在你身边的人，他们做的事情，接触到的人，了解到的信息，看的朋友圈，和你差不太多。不接触外面的圈子，你就没有新的信息和机会。要想拥有有价值的人脉，关键不在于你融入了哪个圈子，而在于你接触了多少圈外的人。

当你能接触更多的人，掌握更好的社会资源，拥有更强的经营能力时，就可以用平台和系统去放大努力的效果。这就是弱关系的力量。弱关系的重要性总是随着人员、物资和信息流动的加剧而增强。

在农业社会，人们主要跟土地或牲畜打交道，生活自给自足，对弱关系的需求很小，而强关系又可以满足生存一切所需。

到了工业社会，人们需要出去找工作、卖产品，通过商品交换满足各自所需，弱关系就显得重要起来。

在信息社会，信息是主要的财富，弱关系变得无比重要。而随着移动互联、万物互联时代的到来，人员、物资与信息无时无刻不在流动，弱关系将日益成为影响人们从生到死、从学习到娱乐、从婚恋到工作的至关重要因素。

在这个时代，谁能提供最好的弱关系平台，或者最善于经营弱关系，谁就能接触到最多的人，掌握最多的信息，调动最多的资源。黄峥、马云、胡玮炜……就是这样的人。请看看你周边成功的人士，哪个不是弱关系运营高手？

＊ ＊ ＊

弱关系如此重要，每个人都必须刻意经营。熟人之间相互多了解，和陌生人相处，才会获得更多新的技能与资源。

如果你习惯单干，全凭个人勤奋和聪明劲，肯定走不远。只有不断地开拓弱关系，才有可能遇到贵人。

你还要学会把弱关系变为强关系，让贵人愿意带你玩，愿意帮助你，拉你进入新的圈子。

如何开拓弱关系呢？方法很多，关键是你要愿意放开自己，付诸实践。

在网络上，你是不是习惯当一个看客，而不去留言、点赞？在微信群里，你是不是只喜欢抢红包，而从来不发红包？朋友拉你去参加一个饭局，你是否想着晚上还有最近更新的剧集没看就懒得去？在微博上，你是不是"万年潜水"，从不发声？校友的聚会，你是不是厌恶和陌生人交往，一推再推？读书会，你是不是听都没听说过，更别说自己组建？

如果是的话，那你就是把自己限定在一个狭窄的圈子里，自己制造了一个关系围城，屏蔽了价值无限的弱关系。

弱关系存在于校友聚会、读书会、行业协会、歌迷会、网友聚会、教堂、寺庙、微博、微信、朋友圈、知乎、豆瓣、抖音、郊游等一切能接触到陌生人的活动或地方。只要用心开拓，弱关系无处不在。

如何把弱关系变强呢？如果你有实力，就用实力说话，如黄峥之于丁磊。如果你有热情，就用热情说话，如马云之于 Ken Morley。如果现在没有实力，可以让对方知道你未来会变强，要展示你的意愿和努力。

此外，你还可以通过展现你的靠谱、责任心、守承诺、思维敏捷、热爱学习等，去获得对方的信任或欣赏。最后，哪怕你什么都没有，也可以通过对对方的仰慕、膜拜和忠诚，让弱关系变强。

小的成功可以靠自己，人生逆袭必须靠贵人。对于不是官二代、富二代的我们，贵人只能从弱关系中产生。强关系能给你过去，但弱关系能给你未来！

得到一个好"馒头"，
人生事半功倍

上文说到拼多多的黄峥起家的重要因素是弱关系。今天我们再来分析一下黄峥的弱关系里面最重要的一环："馒头"。

馒头，是英文"mentor"的一种俏皮译法，指领路人、师傅、导师。

如浙江大学有个很厉害的学生社团"未来企业家俱乐部"，采用老会员和新会员一帮一的制度，就叫作"馒头制度"。还有一家做线上教育的公司，叫作"馒头商学院"，都是取自"mentor"的意思。

黄峥的快速崛起，和他的"馒头"有很大关系。他的"馒头"是奇人段永平，由于段永平很低调，很多人对他并不熟悉。但他打造的产品，你一定知道。

　　"80后"曾经都梦想有一台"小霸王学习机"（用来打游戏）；"90后"也听习惯了"步步高点读机，哪里不会点哪里，妈妈再也不用担心我的学习了"；现在"00后"用着OPPO和vivo。这些都出自段永平或其门徒之手。

　　在别的中年男人还在为一日三餐奔波时，段永平40岁就早早退休，隐居美国，享受生活，顺带做点投资。他曾经花了200万美元投资网易，后来挣回10亿美元。

　　苹果公司2018年市值冲上万亿美元，而段永平95%的钱都买了苹果公司的股票。实际上，段永平堪称中国最神秘的顶级富豪，其真实财富多少，无人得知。

　　黄峥通过丁磊结识了段永平，也是一段奇缘，上文已经讲过，这里不再赘述。

　　我们不知道黄峥和段永平第一次见面是什么样子，我猜段永平看黄峥可能和南海鳄神看段誉差不多。总之，段永平从此开始全力辅导和扶持这位比自己小19岁的小兄弟。

　　2004年，黄峥硕士毕业，面临就业迷茫，段永平指点黄峥进入前途远大的谷歌，并拿到了期权，在毕业3年后，随着谷歌股价的飞速上涨，一下子坐拥百万美元身家。

2006年，段永平用62万美元买下和巴菲特共进午餐的机会，可以带一个人同行，他带了黄峥。

2007年，黄峥开始创业，段永平大力支持，直接把步步高这个大蛋糕切了一块给黄峥做，帮助黄峥首次创业就站稳了脚跟。

其后，黄峥创立其他公司，一直到2015年创立拼多多，段永平都给予无数次指点，甚至直接出资。可以说，没有段永平，就不会有黄峥的今天。

因此，黄峥也公开宣称，段永平是他的人生导师。"在我的天使投资人里面，对我影响最大的是段永平，他不停在教育我首先要做正确的事，然后再把事情做正确。"黄峥说。

段永平也毫不吝啬对黄峥的赞誉。他说："我和黄峥是10多年的朋友了，我了解他、相信他。黄峥是我知道的少见的很有悟性的人，他关注事物本质。""我还没用过拼多多，但我对黄峥有很高的信任度！给他10年时间，大家会看到他厉害的地方的。"

黄峥和段永平的交往历程，让我们见证了一段荡气回肠的忘年交佳话，也见识了一个好"馒头"的强大力量。

* * *

很多好的公司，如 IBM、麦肯锡、中国的海尔等，都会对新人采取"导师制"的传帮带。中国传统也有师傅和学徒的关系，但这仅限于工作业务上。

其实最重要的是人生的导师。在美国，人生导师是非常流行的文化。一些伟大的企业家和一些政界人士，往往都有与自己长达几十年关系的"馒头"，随时对自己进行指点。如巴菲特的人生导师是本杰明·格雷厄姆、奥巴马的人生导师是法兰克·戴维斯等。

我第一次接触到美国这种"馒头"文化，是在研究生实习的公司。那家公司的老板哈佛大学博士毕业后在华尔街帮人打理基金公司，管着几十亿美元的投资。那个老板的人生"馒头"，是一位耶鲁大学的教授（老板在哈佛大学读书，却和耶鲁大学的那位教授关系最好）。这位耶鲁大学的教授听说他在帮人打理基金公司后非常生气，骂老板说："你个笨蛋，凭你的才智和努力，怎么会沦落到帮别人打理资产呢？你应该和他们一样，拥有几十亿美元的资产才对。"

老板说，他当时有当头棒喝、醍醐灌顶的感觉。之后，他就辞掉了华尔街的工作，回国创业了。

我去实习的时候，是该公司成立的第二年，虽然只有十来个人，但老板给每人都指定了一个"馒头"。我很幸运被他亲自指点。这位老板的指导理念很恐怖：如果想让你学会游泳，最好的办法是直接把你扔进水里。

　　有一次，我们接一位欧洲著名经济学家去演讲，本来老板要陪着去的，结果临时有事，成了我一个人陪着去。那次演讲的主题是"次贷危机"，全是CDO、CDS等金融术语，我自己听着都懵圈，却还要当着几百名观众和当地电视台的面做现场直译。

　　我给老板打电话说，我不行，这样会搞砸的。老板说："我在哈佛学到的最重要的一条，就是你其实比自己想象中的更厉害！不要轻易说自己不行，你一定可以的。我都敢放心把老师交给你，你有什么不敢的呢？"

　　我只好硬着头皮上了，虽然翻译得磕磕巴巴，但还是顺利完成任务了。从那次以后，我就觉得，世事没什么难的，再难的事，硬着头皮挺过去，就行了。

　　老板还教过我一招：60分万岁。他说，对于不重要的事情，永远不要去追求满分，有60分就行了。只有最核心的地方，才需要做到100分，甚至120分。

　　这一条也让我受用至今，让我时刻都记得把精力聚焦在最重要的事情上面，不要为无关紧要的事情浪费太多的时间。

可惜我当时太年轻，没有明白有这么一位好的"馒头"给予指点和鞭策是多么难能可贵。反而觉得老是在没有准备的情况下被扔到水里扑腾，实在是太恐怖了，所以就选择考了公务员，离开了那家很有前途的公司。现在该公司已经成了某领域的"独角兽"，老板也离当初耶鲁大学的教授的期望越来越近了。

* * *

人的成功，其实不过就是需要目标、动力和方法，再加上一点运气和耐心。年轻人往往眼界有限，经历有限，自制力有限，需要一位过来人的指点和鞭策。一个好的"馒头"，能在迷茫中给你指点方向，在懈怠时给你鼓励，在混沌时教你方法。

跟着"牛人"，你耳濡目染，自然而然会去学习他们的思维方式、奋斗精神以及处理事情的方法。如果你能得到他们的欣赏，使他们认为你"孺子可教也"，甚至你变得更"牛"了之后还帮他们创造巨大价值，他们更会不遗余力地帮你。

就像段永平帮助黄峥一样，段永平曾慷慨地帮助黄峥创立了拼多多，作为天使投资人，他也得到了丰厚的回报。其实，以段永平为"馒头"的人除了黄峥，还有陈明永、沈炜、金志江，这三个人分别是 OPPO 创始人、vivo 创始人和步步高 CEO。

但对于很多年轻人而言，要全心全意地服膺于一个人，放开全部心胸，接受指导，非常难。我们往往会觉得，身边似乎没有哪个人够格成为自己的"馒头"。但其实，如果你身边没有一个人够资格做你的"馒头"，说明你一个"牛人"都不认识，你的社交太失败了。

如果你身边有"牛人"，而你不去请教，那说明你太不善于利用身边的资源。你的人生不成功，又有什么可说的呢？

陈虎平在《打破自我的标签》里面指出，每个人都应该找到属于自己的贵人，并把自己的心交给他，让他指引自己前行。他提出了"新选择的三部曲"：信任、共鸣、选择。

陈虎平说："第一步是信任。对特定的人的信任，可以帮你摆脱思考，你不需要再想，信任对方已经想过了，或者即使没有想过，但对方已经做到了。

"第二步是共鸣。他们的想法说出了你想说而说不出来的想法，他们的感受说出了你想表达而表达不出的感受。你曾经困在各种想法之中，一片混乱，理不出头绪，他们的感受和想法，为你理出了头绪……

"第三步是选择。这个方向与其说是你个人选择的，不如说是被你对人的信任推动的。你不是这个选择的唯一作者，你所信任的贵人与你都是它的共同作者；你信任别人，让别人接替你来掌管你的一部分人生进程……"

* * *

我们不是诸葛亮，不可能坐在家里就有刘备带着兄弟们冒着大雪来敲门，说："先生若不出山，如苍生何也？"哲人说："山不过来，那我就过去。""馒头"就在那里，要靠我们自己去寻找。那么，我们如何寻找呢？

首先，要有找"馒头"的意识。

很多事情，你想来想去想不通，过来人一看就明白。"牛人"思考问题比你高一个维度，他们来解决你的问题是降维打击，容易得很。所以说，关键你要先有找"牛人"这个意识。

如果你觉得所有事情，都可以自己想明白，都可以自己搞定，不需要人指点，那你这辈子注定不会有多大出息。也有些朋友，就没有想到过这个问题，他们不知道，哦，原来还可以有这种操作，原来人生路上是可以找一个"牛人"领着走的。

还有一些略有才华的人，觉得世界上就自己最"牛"，其他人都不如他，不屑于去寻求别人的指导。其实，他们没看明白，为什么那些他们看不起的人反而取得了比他们更好的成绩。

真正聪明的人，从不拒绝向优秀的人学习。拒绝承认别人更优秀是一种病，会让你止步不前，失去进步的机会。

其次，要培养能被"馒头"看中的实力。

陈虎平说："贵人要愿意带你玩，带你进场，愿意在你身上花时间，觉得你是好学的、可教的、可带的，才给你进入新层次的门票。"有天赋、有才华，也许会增加你被贵人看中的机会，但是，并不是说天资一般的人就没有机会。

你需要培养好的品格，如好学、谦虚、踏实、能吃苦、爱钻研等。这些品格还需要通过某些方式表现出来。例如，你是不是经常看书、写读书笔记；是不是坚持学英语、编程；是不是喜欢向别人请教；别人交代给你的任务，是不是能踏踏实实做好；与人交谈是不是心态积极；遇到麻烦是不是立刻想办法解决；等等。

如果你能长期保持好的品质、好的做法，你就会形成个人的品牌，这就是你的"人设"。"馒头"就爱指点这样的人，因为这样的人有发展潜力，能让他们有成就感，甚至未来能给他们带来很大的价值。

再次，要有找"馒头"的勇气。

很多人不去找人请教，不是不想，是怕被拒绝，其实没必要。很多"牛人"都非常愿意指点别人，你不要被假想中的拒绝场景给吓住了。而且，就算被拒绝，你也没有任何损失。而你不主动去找，就永远没有机会。

找到了合适的"馒头"之后，还要有勇气放开自己全部的心胸，去听从他们的指导。要知道，他们之所以能成为"牛人"，肯定有非凡的地方。当然，前提是这个人的人品过得去，而且真诚地愿意指导你。

好的人生需要贵人。有个好"馒头"，你的人生会少走很多弯路，多很多机会。

找"馒头"，越早越好。也许你从前没有意识到这个问题。不要紧，从今天开始，还不晚。

看看你周围，有哪些很厉害的"牛人"，去接近他们，学习他们，跟随他们！如果身边没有，就看看微博、微信、知乎、得到、Linkedin、Quora，发条私信去真诚地向他们请教，试着和他们建立长期的联系。

最后，要不断提升自己。

最重要的，是要努力学习，永远保持向上生长的态度，寻找"馒头"，打造自己良好的"人设"，让自己具有发展的潜力，能够给别人带来价值。这样，别人才能信任你，帮助你，带你上更高、更大的平台！

愿你早日找到自己的"馒头"，更愿你今后有能力成为别人的"馒头"！

起舞于人生舞台，
尽情绽放光芒

    2018 年 8 月，马云在南非出席"网络企业家：非洲数字雄狮的崛起"活动时，有一个后来流传很广的演讲。他在里面讲到一件事："2007 年，阿里巴巴 B2B 业务 IPO 的时候，我们有 300 个人成了百万富翁。我问了我的同事 3 个问题。你们成为百万富翁是因为你们比其他人聪明吗？他们说不是，我们都找不到工作。是因为你们勤奋工作吗？也不是，有很多人都很勤奋。聪明人都去 IBM 和微软了。猎头根本就不来我们公司抢人，我们根本没人要，我们相信梦想，我们努力工作才成为富翁的。他们说，他们成为百万富翁就是因为没人要……"

这段话振奋人心，又发人深省。有很多人，并不比别人聪明，也不比别人努力，却能获得极大的成功。这给我们这些只具备"中人之姿"的普通人以很大的希望。如果那么普通的他们都能成功，那我们也同样可以！

马云说，他们成为百万富翁是因为没人要。其实，让他们成功的，不是别的，是平台。因为没人要，他们流落到阿里巴巴这个平台，借助这个平台，他们获得了成功。

所以说，平台比天赋更重要，比努力更重要。人生之路最重要的是平台！

人与人的差别，其实没有我们想象的那么大。从历史到现在，无数"牛人"的成功，不是因为他们有多"牛"，而是因为他们遇到了好的平台。

刘邦和朱元璋两个白手起家成就霸业的帝王，身边主要的文臣武将都是家乡百里范围内的人，难道沛县和凤阳周边的人就天生适合出谋划策和带兵打仗吗？显然不是。

无数的人，如果没有碰到好的平台，只能泯然众人，一旦有了供其发挥的舞台，就能创造一番事业。

湖南湘江两岸，在古代并没有多少名人，但从清朝后期开始，群星璀璨。从曾国藩、左宗棠、胡林翼、郭嵩焘，到毛泽东、刘少奇、彭德怀、贺龙等，文才武略，能人辈出。是因为湖南古人不行而近现代人突然在智力或努力上有了突破吗？并不是。

人还是一样的人，是因为有了湘军、红军等平台，无数原本籍籍无名的人就像突然开了挂一样，成就了属于自己的辉煌人生。

* * *

我们同一个班的大学同学，毕业时，G 选调去了乡镇，H 考进了中央部委。6 年以后，通过各自的不懈努力，G 成了副股级干部，而 H 已经成了主持工作的副处长。G 的学习成绩在学校是班级前三，而 H 是中等，G 在乡镇工作的辛苦和努力程度都远超 H，但是在职位上的提升却无法和 H 相比，就是因为平台太低。

跳槽或者创业，也是平台好的人更占优势。从 BAT（百度、阿里巴巴、腾讯）出来的人，跳到一般的互联网公司就是一方大员，他们要创业也更容易融资和招到团队，因为平台本身就在给他们赋能和背书。所以，比努力更重要的，是选对平台。

从大的层面来讲，平台是一个人所处的国家。20世纪80年代，很多中国超级"牛"的学者、艺术家，都愿意放弃国内的身份地位和铁饭碗，去美国刷盘子。因为美国一个普通工人的生活条件比国内大学教授还要好得多。并不是美国工人更努力或更聪明，只是由于他们的平台更好。

不过，今天中国的发展已经非常迅速，从创业和工作机会方面来讲，现在是中国优于美国。如果要赚钱，中国是当前和未来最好的平台。

十几年前去美国留学的人都千方百计想要留在美国，现在90%以上都跑回中国来。即使移民出去的人，大部分事业重心还是放在中国。

从中等层面来讲，平台是所处的城市和行业。年轻人，就应该到"北上广深"或者"新一线"城市去闯荡。因为机会在那里。弱二线，甚至三线以下城市，机会太少了。小城市可能是养老的好平台，但绝不是创业和就业的好平台。

从行业层面讲，那些安稳的行业已经过时了。在5年、10年以后，安稳工作就是穷的代名词。

今天贪恋政府单位、事业单位、国有企业稳定工作的人，明天可能会发现自己被同龄人远远抛在后面，就像那位36岁被辞退的收费员一样被时代抛弃。

所以，一定要选择那些快速发展的行业，如移动互联网、新能源与新能源汽车、人工智能、高端制造等行业。

从微观层面来讲，平台是就读的学校和就业的公司。我一贯主张高考没考好的人去复读，或者本科阶段努力，考个好学校的研究生。因为好学校，对人一辈子的影响太大了。

一个好的平台，可以让你接触到更好的理念、资源，让你有更大的格局、更高的眼界、更好的标签，这些加起来，足以让你少奋斗 10 年。所以为了上一个更好的学校而多花费一两年，完全是值得的。

就业的公司如何，主要看领导人怎样。一个有发展前途的公司，其领导人一定是理想远大、激情澎湃、目标清晰、脚踏实地、能抗挫折的人。找到这样的人，跟随他，绝对错不了。

那些没有远大理想的人，成不了伟大事业，你去那样的公司，可以打份小工，但成不了大器。那些只会夸夸其谈而不能踏踏实实做事的人，你永远不要相信，因为他们已经走在破产的路上。

作为普通人，我们不是老鹰，我们没有翅膀，要飞，只能到起风的地方去。没法创造风，就要学会当追风者。起风的地方就是我们的平台。

这些地方，从宏观上来讲，就是中国；从中观上来讲，就是"北上广深"和"新一线"城市，就是移动互联网、新能源、人工智能和智能制造等领域；从微观上来讲，就是"清北复交"等名校，就是既仰望星空又脚踏实地的"牛人"所创建的公司。

找到平台，搭上顺风车，人生就已经成功了一半。

如果你有天赋，一定要选一个好的平台，珍惜上天的馈赠，不要让自己的才华被埋没。如果你是个普通人，更要选一个好的平台，才有可能获得平均水平之上的成功。如果你愿意努力，就要在好的平台上努力，这样才能事半功倍，否则累个半死，还是被同龄人远远抛弃。

牛人 = 选择^3 × 方法^2 × 动力 × μC

10 年前，我开始研究一个问题："牛人"为什么这么"牛"？当时，我在政府部门从事国际经济与政策研究，有机会接触一些政要、著名政治学者、诺贝尔经济学奖得主、国际金融机构高管、知名企业家等。在交往过程中，我总是会去探究他们的成长经历，试图总结出成功的共性。

后来，我做了咨询公司，又有机会深度研究很多企业和企业家。咨询师相当于"企业医生"，需要了解企业和企业家方方面面的情况，这种研究是极其深入的。很多时候，咨询师对企业和企业家的了解，比企业家本人还要深。

后来，我又开始专门研究知名的企业家。我写了任正非、马云、马化腾、王兴、程维、黄峥、段永平等人的有关文章。每一次写作，我都会把所有能找到的书、杂志文章、网络资料全部看一遍，把能接触到的相关人士都访谈一遍。

最近，那个在我脑海里盘旋了10年的问题，答案渐渐清晰。"牛人"为什么"牛"？我认为可以总结为下面这个公式：

$$牛人 = 选择^3 × 方法^2 × 动力 × \mu C$$

下面，我从以下几个方面对它进行详细的阐述：选择比努力更重要、成功要学会用方法、成长动力学的秘诀、时势造英雄的真理、乘法的原理与作用。

第一，选择比努力更重要。

我们常说，要变成"牛人"，一定要很努力。这话没错。但是，努力的人那么多，为什么成为"牛人"的人那么少呢？因为在努力之上，还有更高维度的因素，就是选择。

马云在他的同龄人中，起初并不出众。他参加高考，连考3次才考上大专，碰巧赶上学校专升本，才能拿到本科文凭。他和小伙伴一起去找工作，其他人都被录取了，他是唯一被淘汰的那个。可是后来，他选对了一条道路：做电子商务。这是他后面一切成功的起源。

所谓选择，主要是选择去哪儿和怎么去。也就是你要走什么路，以及通过什么平台前进。如果方向对了，哪怕走得慢一点，总会离目标越来越近。但是方向错了，越努力，离目标越远。

但选对方向只是第一步，你还需要选对平台。如果平台选对了，你迈向成功的步伐会更快速、更轻松。同样是从商场1楼到7楼，你坐直梯、扶梯和走楼梯，方向都是一致的，但速度截然不同。

阿里巴巴早期员工的经历是绝佳例证。那些人并不比别人聪明，也不比别人勤奋，却获得了比同等聪明和勤奋的人，甚至更聪明、勤奋的人更多的回报。根本的原因，就在于他们处于一个飞速发展的平台上。

方向和平台，是选择的关键；选择，是成为"牛人"的关键。

因此，在这个公式里，我在"选择"的右上角加上了一个"3"，其意思是3次方。需要说明的是，这里的"3"是简化，代表"很多"的意思，请不要理解为一个确数。它的真实含义是，在所有成就"牛人"的影响因素中，"选择"的作用最大。

＊　＊　＊

第二，成功要学会用方法。

做任何事情，都有效率高低之分。采用不同的方法，使用不同的工具，就会在质量和速度上形成区别。"牛人"比大家学习更好，工作更高效，不一定是他们比大家聪明，而是他们用了好方法。

不管是销售、演讲、写作、编程，还是管理、创造、科研、时间管理，都有其客观规律。如果能够找到规律，顺应规律，就能事半功倍。如果找不到规律，甚至背离规律，就算累死累活，也还是一事无成。

没有一个"牛人"不是善于利用方法的人。

有效的方法来自学习、思考和实践。我们向前人学习，向书本学习，向身边的"牛人"学习，加上自己的思考与改进，在实践中不断练习和总结，就能不断地习得和改进做事的方法，提高自己的效率。

这里说到的练习，不是简单的重复，而是刻意练习，就是离开舒适区，给自己更难的、"跳一跳可以够得着"的挑战。太容易的练习起不到效果，太难的练习会令人失去坚持的动力。最好的练习，是每次有85%已经会的内容，15%新内容的练习。

在公式中，我在"方法"的右上角也标上了一个数字"2"，意思是在成为"牛人"的影响因素中，"方法"的重要性比"选择"小，但是比动力大。

* * *

第三，成长动力学的秘诀。

当方向对了，平台也选好了，也有了好的方法，接下来比拼的就是谁更努力。雷军说，在风口上，猪都能飞起来。可是他能飞不仅仅是因为风。事实上，雷军被称为"互联网劳模"，年复一年地每天工作16个小时。

这么多年来，我所见过的"牛人"，没有一个不是学习狂、工作狂。我曾经问一位诺贝尔经济学奖得主，他闲暇时喜欢干什么，他笑笑回答说没有闲暇时间。

在马尔科姆·格拉德威尔的《异类》这本书中，作者提出，经过10000个小时的刻意训练，一个普通人可以成为一名专家。10000个小时，约等于10年，不算吃饭、休息等的时间。

这里有一个关键，"牛人"疯狂地学习和工作，不是被迫而是主动选择的。被迫的努力，从情感上让人心生厌恶，从效果上收益很低；而主动的努力则反过来，从情感上让人心情愉悦，从效果上收益很高。

努力是我们最容易做到的，但又是最难坚持的。绝大多数人都有过发愤图强的时刻，但往往很快就懈怠了。这是因为没有掌握"成长动力学"的秘诀。

要保持持久的动力，需要做到以下几点：循序渐进、及时回馈、梦想激励、外部监督。

循序渐进，是指不要一下子给自己太多、太难的任务。很多人都是激情澎湃地开始努力，一两个星期之后就蔫了。主要原因就是目标太高，让自己受挫和绝望。如果先从容易完成的小任务开始，就容易获得满足感，坚持下去。这一步的重点是形成习惯。习惯了以后，再逐渐加量。

及时回馈，是指要让自己的努力时常能得到奖励。为什么游戏会让人上瘾呢？因为你总能及时得到回馈。撞一下头顶的砖头，就能得到金币；一下子消掉 4 行积木，就能翻倍加分；杀死一群怪物，就能升级；等等。在平时努力时，如果能像游戏那样，及时得到回馈，我们的积极性就会高得多。

梦想激励，是指要有一个长远的愿景随时让你心潮澎湃。在舒适区的努力是愉悦的，但是在挑战区的刻意练习一定是痛苦的，如果没有一个长远目标的激励，我们很难长时间地做一件痛苦的事情。我们要努力，也要让自己看到梦想和希望，这样才能有不竭的动力。"牛人"为什么比普通人更努力，更能坚持？因为他们的梦想更清晰。

外部监督，是让自己的努力有一个外部力量的帮助，使自己能坚持更长时间。有效的外部监督，有三种方式：一是让你在乎的人监督你，一旦你做不到，他们就会失望，而你绝不希望他们对你失望，所以必须坚持；二是让舆论监督你，公开向世界宣告自己要做的事情，每次想放弃就要面临舆论的压力；三是让努力与利益挂钩，如果不努力就会有令你肉痛的利益损失，那也只好咬牙坚持了。

* * *

第四，时势造英雄的真理。

上面说到的都是我们个人可控制的因素。但是，能不能成为"牛人"，还有很多是我们不可控制的因素。这些不可控因素里面，有些是固定不变的恒常事物，如时间、我们所处的大环境等，我把它们用常数 C 来代替。

有些是会随机出现的事物，如运气、政策变化等。我把它们用表示随机扰动的符号 μ 来代替。其中，最重要的就是时间和运气。

"牛人"的成长，不是线性的，而是指数型的。指数型的成长方式，需要时间才能发挥作用。如果每一次刻意练习，能够让你提高千分之一，那么10000个小时以后，你的能力是最初的21917倍。这就是时间的威力。

美国经济学奖得主罗伯特·弗兰克在其畅销书《成功与运气：好运与精英社会的神话》中认为，比尔·盖茨等"牛人"的成功与他们的好运气脱不了关系。

弗兰克在书中写到，科学家用计算机做过模拟实验，即使天赋和努力能决定95%的制胜概率，运气只负责5%，只要参与的人数足够多，最后胜出的总是运气最好的人，而不是天赋和努力最高的人。

这种现象在现实生活中也随处可见。王兴认为自己做成美团，是赶上了好时代；程维把滴滴能够顺利起步的原因，归结于一场突如其来的大雪；许家印曾经一度要破产，一次突然的政策变化，让他成为中国首富。在所有"牛人"成长、成功的过程中，运气从来都是必不可少的因素。

* * *

第五，乘法的原理与作用。

我们曾经见过很多类似的公式，例如，爱迪生说，天才就是1%的灵感加99%的汗水；季羡林说，成功＝天资＋勤奋＋际遇；等等。这些话语或公式都从不同角度给我们启发。但是，大师们为了让我们更好地理解，帮我们做了太多简化。

在我总结的"牛人"公式中，我用了乘法而不是加法。其中的区别在于，在加法公式中，右边去掉几项，左边仍然为正。如果右边某一项的数据特别大，其他项可以很小甚至为零，左边也可以得到很大的数值。而在乘法公式中，只要右边任何一项为零，左边就等于零。

也就是说，在我总结的选择、方法、动力、时间和运气这5项因素中，缺失任何一项，一个人就不可能成为"牛人"。"牛人"是全面的竞争。一个人需要在正确的方向上，用正确的方法、长时间的努力，再加上一些运气，才有可能成为"牛人"。

* * *

让我们再复习一下牛人公式：

$$牛人 = 选择^3 \times 方法^2 \times 动力 \times \mu C$$

提出理论的目的，是为了指导实践。我总结这个公式，也是为了让大家能够系统化地思考：如果我要成为"牛人"，需要从什么方面入手？

在公式的最后部分，我用 μC 来代表随机扰动和固定常数，而没有直接用"运气"和"时间"。这是因为这两项不在我们控制范围之内，我们就算知道，也无法控制，所以用字母来模糊化处理。在实践中，我们只关注前面三个因素就好。

在成为"牛人"的路上，请不要盲目开始。因为选择、方法和动力三个因素的权重是不同的。选择大于方法，方法大于动力（长时间的努力）。所以，最重要的是定好方向，选好平台，然后要学习好的经验和方法，在前面两项都做好的前提下，努力才能起作用。这样，你的努力才值得，否则都是白费功夫。

最后需要说明一点的是，这个公式里，我没有用到"天赋"。因为研究过那么多"牛人"之后，我发现天赋只是加分项，而不是必要项。

很多"牛人"，都只有中人之姿，他们只是做了好的选择，用了好的方法，然后持续努力，就成功了。所以，这是我们普通人的公式，是进化的公式，是一个普通人逆袭成为"牛人"的公式。

"牛人"不是天生，你我皆为"牛人"！